U0592351

GIVE YOU 30
THOUSANDS DAYS

王贵水 编著

给你30000天,
你该怎么活?

Wuhan University Press
武汉大学出版社

图书在版编目（CIP）数据

给你 30000 天，你该怎么活？ / 王贵水主编 . —武汉：
武汉大学出版社 , 2011.8
ISBN 978- 7-307-09085-9

Ⅰ . 给…
Ⅱ . 王…
Ⅲ . 人生哲理 –通俗读物
Ⅳ . B821–49

中国版本图书馆 CIP 数据核字 (2011) 第 161072 号

选题策划：人天书苑
责任编辑：党　宁
审　　读：代君明
责任印制：人　弋

出　　版：武汉大学出版社
发　　行：武汉大学出版社北京图书策划中心
网　　址：www.wdpbook.com
电　　话：010–63978987
传　　真：010–63974946
印　　刷：北京市业和印务有限公司

开　　本：710×1000　1/16
印　　张：15
字　　数：180 千字
版　　次：2012 年 6 月第 1 版
印　　次：2012 年 6 月第 1 次印刷
定　　价：32.00 元

版权所有，盗版必究（举报电话：010–63978987）
（如图书出现印装质量问题，请与印刷厂联系调换）

目 录

Chapter 1　这辈子，要懂得为什么而活着

Chapter 2　这辈子，要有勇气向命运宣战

Chapter 3　这辈子，要利用苦难变得坚毅

Chapter 4　这辈子，做幸福的不抱怨的人

Chapter 5　这辈子，用感恩让世界充满爱

Chapter 6　这辈子，要与人为善成就自己

Chapter 7　这辈子，放宽心走更宽的道路

Chapter 8　这辈子，要用知足让自己常乐

Chapter 9　这辈子，要坚持自助才有天助

Chapter 10　这辈子，用心活出生命的精彩

Chapter 1
这辈子，要懂得为什么而活着

　　人这一辈子，生不带来死不带去。我们在亲人的欢笑声中诞生，又在亲人的悲伤中离去。我们无法控制自己的生与死，但我们应庆幸自己拥有了这一辈子。

　　人为什么活着？

　　这是一个永远都无解的问题，尽管很多人都曾经思索过——乐观者找到了很多答案，严谨者决定暂不去想，豁达者认为不需要想，自信者断定自己找到了答案……但是迷茫者却找不到一种可以安抚心灵的理论，事实上关于这个问题，似乎也没有任何一个为大多数人普遍接受的答案。

　　人活一辈子，会遭遇多少无可奈何的事，邂逅多少恩恩怨怨的人。可是要知道，人不就这么一辈子吗？又有什么看不开的？人世间的烦恼忧愁，恩恩怨怨几十年后不都烟消云散了。做错了，不必后悔，不要抱怨，世上没有完美的人。跌倒了，爬起来重新来。不经风雨怎能见彩虹，相信下次会走得更稳。人这一辈子，不要去过份地苛求，不要有太多的奢望。金钱、权力、名誉都不是最重要的，最重要的还是应该善待自己。

人活一生一世，理应懂得为啥

人活着，究竟是为了什么？是为了爱，为了恨，为了道义，亦或只是为了生……也许它没有一个普遍意义上的答案，不同的人有不同的见解，正所谓，仁者见仁，智者见智。

生命只有一次，人活着要懂得珍惜，珍惜你的生命和所拥有的一切，不管你在经历磨难，还是在享受富贵，这些都是你的财富。因为磨难可以使你经过千锤百炼，达到坚不可摧、力不可挡。富贵也可以让你无忧无虑，享受安逸的生活。

人活着要懂得感恩，感谢你身边的每一个人，包括好人当然也要包括坏人。好人可以助我们一帆风顺，乘风破浪！坏人可以助我们炼就一双识人的慧眼，教会我们怎样去识别、去防范坏人，而且坏人还会让我们变得更加坚强，活得更加有力！

你可能想过"人究竟是为什么活着"这个宽泛而无解的问题，这个问题可能是一下划过你的脑子，宛如一道暴风雨中的闪电，或是风吹杨柳时那飘在你脸上的枯叶，或是电影中不经意所拍蜻蜓掠水的镜头一样，让你毫不犹豫地选择了放弃对于它的思考。人的生命不过 30000 天。在 30000 天里，我们睁眼、咿呀学语、蹒跚学步、长牙齿、上学、恋爱、工作、寻找爱人，然后充当父母的角色养育儿女，看着儿女睁眼、咿呀学语、蹒跚学步、长牙齿、上学、恋爱、工作、寻找爱人、养育子女，最后年老离去。30000 天的时间里，还要做种种的事儿：吃喝拉撒，还要发呆、洗澡、上厕所、睡觉；30000 天的时间里，我们还要表现开心、流泪、悲伤、发怒、眷恋、贪欲六种表情；30000 天的时间，我们还要唱歌、跳舞、看影视、看杂志报刊、盯着亲人看、盯着路人看……如此种种有着太多太多，当这些必要或不必要的时间塞满了一个人所有的人生旅程时，人已经很难腾出精力去思考一下，人究竟是为什么活着？

曾有一个人，踌躇满志地坐在人群暴满的大学礼堂去听一个外校著名大学教授所讲授关于儒家思想的讲座，当讲座完毕，他心情激动地第一个举起手来向这个著名教授问了这个问题，"人为什么活着?"或许是因为教授听不懂，或许是因为他觉得话题和讲座无关，当面对这么一个稚嫩的学子提出这么一个无聊的问题时，他几乎没听清楚。年轻人又把这个问题重复了一遍后，教授思考了三分钟，三分钟的时间里，全场宁静。最后他答复说"无可奉告"。

　　唐代著名文学家韩愈在《师说》中有言"师者，所以传道授业解惑也"。或许，这个教授只承载了书本的知识，然后照本宣科罢了；或许他没有对学识作深入的思考，没有对他的职责作深入的思考。

　　也许有人会说，"哈哈，这都不知道啊，人是为欲望活着啊。"

　　然而人并不全是为欲望而活着，一对老年伴侣，他们相依相伴，他们不求名欲、不求权欲、不求性欲，为什么他们还活得如此精彩呢?因为他们有了相伴一生的风雨经历，一路上的相互扶持让老人活得丰富多彩。

　　唐代王翰在《凉州词》里："葡萄美酒夜光杯"就是讲体验美酒的情景，美酒当喝、美人当拥、美金当用，归根结底，不过是为了解除人之欲而已。人难道是为了"三美"而活着吗，"美酒、美女、美金"。人的欲望是无限膨胀的，所以，醉过之后方知酒浓，爱过之后方知情深，富过之后方知愁多，人不是为了"三美"活着。

　　人活着是为了什么其实并不需要准确的答案，答案也并不重要，重要的是我们怎样面对人生、享受人生，怎样才能够在我们活着的每一天都会拥有快乐的心情，都会拥有阳光般的精神。

　　有的人活得简单轻松自在悠闲，有的人活得辛苦忙碌焦头烂额；有的人听天由命知足常乐，有的人不屈不挠欲壑难填……每个人心中都有难念的经，说不出的痛，但人们都在为自己的追求为自己的梦想而活。

　　汤姆是美国一家麦当劳的员工，每天的工作就是不停地做很多相同的汉堡，没有什么新意，但是他仍然非常满足，也很快乐，从来都是用满怀善意的微笑热情地对待他的顾客，几年来一直如此。他的这种真挚的快

乐，感染了很多人。有人忍不住问他，究竟什么让他充满热情？为什么对这样一种毫无变化的工作感到快乐？

汤姆说，我每做出一个汉堡，就一定会有人因为它的美味而感到快乐，那我也就感到了我的付出带来的喜悦，这是多么美好的事情。我每天都会感谢上天给我这么好的一份工作，我一定要好好活着，每当我想到这里，我的心潮起伏，我真的好感激上天赐给我健全的生命，这一刻，活着真好，总有一天，我一定能活出自己的光彩。

由于汤姆，这家麦当劳店的生意越来越火，名气也越来越大，最后终于传到了麦当劳公司总管那里，于是，汤姆被任命了总公司的一个重要职位。

与汤姆想法相反的是他的表弟查尔，他是一家汽车修理厂的修理工，从进厂的第一天起，他就开始抱怨：修理这活儿太脏了，瞧瞧我身上弄的，而且没有高额的薪水。每天他都是在不满中度过，认为自己像奴隶一样在卖苦力。他每时每刻都窥视着师傅的眼神与行动，稍有空隙，他便伺机偷懒，应付手中的工作，并且总是期待能尽早下班。

转眼几年过去了，一同进厂的几个工友，都各自凭借精湛的手艺，或另谋高就，或被公司送进大学进修，唯有查尔，仍旧做着讨厌的修理工作，依旧沉浸在无法升迁的痛苦之中，碌碌无为地过着每一天。原来，缺乏热情、失去快乐的最大受害者，就是自己。

哲学上说，任何事物都会有起源、发展、高潮、结束这四个过程，对于历史意义上的人类社会来说，人类社会是不断进步的，到底人要走向哪个终点呢？

人的存在，生命的存在，活的意义，不过是一个过程而已。生命结束了，又有新生命诞生，反反复复，没有终点可言，所以大可不必把"欲望"看得太重，也没必要把"物质"追得太急，同样也没必要为小事或者一点小挫折就"生离死别"，面对所有的一切，且淡然处之，人的生命在不断地演变中就能达求平衡，没必要为了终点而去探索终点。人类的发展根本没有终点，除非遭遇了客观因素的摧毁。

人其实就是为了活着而活着吧。

不一样的活法，不一样的人生

一个人有什么样的活法，就会有什么样的人生。平平庸庸地活，一生也会碌碌无为；积极进取地活，一生也会留下可圈可点的事迹；损人利己地活，只能让他人所不齿；而造福他人、乐于奉献地活，自然会为他人所称道。

有时我们自己在快节奏生活中，在多种角色扮演间，常常显得异常忙碌、行色匆匆、体力透支。活得匆忙，躺在沙发上不经意间想想：这种忙碌的生活，是我想要的吗？换一种生活方式，是不是就会打乱一切秩序？我真的没有时间、也没有精力去享受一下快乐的生活吗？这样的生活是否能够创造一个我们想要的明天？是否能够找到理由让自己的脸上挂上微笑？如果不能，那么这是我想要的生活吗？还是我认为生活只能如此？我到底想得到什么？

人人都有自己的活法，都有自己坚持的东西，每个人都在为自己的"活法"而奋斗。有的人热衷名利，认为人活着的最大追求就是让自己功成名就，于是，他们孜孜不倦地追求名利；有的人放纵行乐，认为人生不过一瞬，让自己过得快乐才是最重要的，于是，他们纵情声色，享受短暂的生命；有的人追求物质生活，认为金钱万能，只有钱才能让自己过得更好，有车有房，于是，他们孜孜不倦地赚钱；有的人，认为只有不断地奉献才能让人生更有价值，于是，他们像蜡烛一样，燃烧着自己，却给他人带去光明……

所罗门的魔鬼曾对渔夫说，随你挑选一种死法吧。然而，死法再多，不过百种。活法远远多很多！雷州方言有这么一句话："爽过乞丐晒日头"，说的是寒冬腊九难得见几天太阳，好不容易熬过衾寒枕冷之

苦的乞丐们，纷纷跑到空旷的地方晒日头，这时，身子暖暖得禁不住伸几个懒腰，双手忙乎着伸到腋窝里，揪出狗日的跳蚤，放进口中嗤嗤作声，惬意、快感俱备，那个爽哟，用一句北方话来说，就是"盖了帽"了。

人到底应该怎么活？越来越多的人在思索这个问题。为了我们的一己之私而活，还是为了更多人的幸福而活？为什么物质文明越来越发达的现代，人们反而找不到快乐呢？如何活才能让自己快乐，让人生幸福呢？人们之所以不快乐、不幸福，那是因为很多人找不到活着的意义和价值，迷失了人生的方向。之所以会出现这样的状况，是因为人们在金钱社会缺乏正确的人生观，在物质文明越来越发达的现代社会迷失了。

三国时期的周处给了我们一个这样的启示。

周处很小的时候就失去了父亲，由于管教不严，年少时纵情肆欲、轻狂放荡、为害乡里、恶名昭彰，是乡人们唯恐避之不及的人物。有一天，周处问乡里的长辈："现在时局平和，又赶上了丰收喜年，为什么大家却闷闷不乐呢？"长辈叹了口气说："三害没有除去，又怎么会有快乐呢！"周处追问是哪三害，长辈给他的答案是："南山白额虎，长桥下蛟龙，还有专门欺负百姓的恶人。"于是，周处自告奋勇，先入山杀了猛虎，又下水与蛟龙缠斗，周处与蛟龙打斗一连三天三夜没有归来的消息，乡人以为周处死了，大家在一起高兴地庆祝着乡里的三害都被除去了。周处回到家乡后，这才知道自己在乡民眼中也是一害，心中懊悔不已。于是，他离开家乡，拜访名士陆机、陆云兄弟，在陆机、陆云的勉励之下，周处改过自新，立定大志，最终也做出了一番让人刮目相看的成就。

在这个故事里，周处在为乡人除去两害之后，自以为这是为乡人做了好事，殊不知，自己竟也是三害中的一害。对他来说，自己的"活法"为人所不齿，这是一件很令人感到耻辱和懊恼的事情，于是，痛定思痛，重新审视了自己。

庸庸碌碌的人生并不是耻辱，只要能够敢于正视自己，审视自己的活法，改变自己的活法，人生就是有意义的，生命就是有价值的。

赵德生于北方，父母对他管教不当，赵德在小学的时候就成了学校中有名的小霸王，拉帮结派，欺负同学，偷鸡摸狗，做尽了坏事。

到了初中，读了一年多就退学了。每天游手好闲，混在网吧歌厅，四处打架，经常出入看守所，在乡人眼中他早已没救了，天生坐牢的命。有一次，在打架时，赵德拿刀砍伤了他人。没过多久，对方竟然纠集了上百人把赵德围困在家中。赵德的父母好话说尽不说，还赔了一大笔钱，这才让事情不了了之。

看着父母为自己担惊受怕、操劳受累，赵德把自己关在屋里几天没有出门。经过一番思索，赵德对父母说想做点正事，做点小生意也可以。父母欣然同意了赵德的想法。赵德想在家乡开一家食品加工厂，但是，从招聘启事贴出，都无人问津，一周之内工资涨了三次，依然没有人应聘。原来，乡人知道是赵德开的工厂，都不敢去应聘，对赵德敬而远之。

赵德知道自己这些年定型在乡人眼中的形象，于是，一改往日作风，安安分分做人，时间一长，这才逐渐扭转了自己在乡人眼中的印象。

如今的赵德，已经成为造福一方、事业有成的企业家，人人夸赞的青年才子。

前后的鲜明对比，这就是一个人不同的活法问题。

《审美学》上有个观点，人坐在客厅里观赏外面的暴风骤雨，跟坐在一叶孤舟上遇到暴风骤雨的心境是截然相反的。前者可以一边品咖啡，一边借用高尔基的名句，隔着玻璃手舞足蹈兴高采烈地狂呼："让暴风雨来得更猛烈些吧！"但后者呢？也许是浑身哆嗦无比恐惧，祈求上苍保佑让这该死的风雨消失无踪。看看，同样的一件事情，所处的位置不同，审美情趣不一样，心境和想法也就不一样。因此，在讨论"怎样活才算好"之前，必须弄清"活"与"不活"的问题。只有"活"不成为一个问题，才能考虑"怎样活"，进而探讨"才算好"。否则，连生存权也得不到保障，"怎样活才算好"就成为奢谈。关于"怎样活才算好"，实际上是内心感受问题。"怎样活"并没有固定的模式，是否觉得"好"要靠心境。

什么样的活法，造就什么样的人生。过去，你怎么活，不重要，它已经成为过去；现在，你怎么活，也不重要，现在也即将过去；将来，你怎么活？才是最重要的。

正确认识自己，实现人生价值

成功者之所以成功，就在于他培育和发挥了自己的强项，从而实现了人生价值的最大化。一个人首先要正确认识自己的优点和强项。只有对自己的品质、能力、性格、角色、优点、缺点全面准确地认识和把握，才能找到准确的人生坐标和可靠的精神支撑。其次要正确认识自己的缺点和弱项。任何人都有缺点和不足，但往往自己认识不到，只有认识到缺点和不足才能克服它、抑制它、改进它，不断修正自己。

不断提升自己的道德修养。要努力追求"正"。一个人胸中有正气、办事讲公正、对人讲正派，才能自己踏实、他人称赞。要努力追求"善"。善良使人高尚，善良可以征服世道人心。要努力追求"诚"。真正的聪明是诚信，时代呼唤诚信，人皆诚信世风清。要努力追求"实"。忠实对待组织，诚实对待他人，踏实对待事业。另外，要不断提高自己的处世能力和水平，学会尊重别人。这样才能赢得别人对自己的尊重，自己的工作和生活环境才会越来越好。要学会换位思考。凡事都要从不同角度，尤其是要从对方角度考虑，这样才能消除隔阂、和谐共事。要学会宽容。要容得下他人之长、他人之短、他人之过。要懂得谦虚。谦虚不仅可以获得好人缘，还可获得外部支持和社会资源。要不断提高自己的职业素质。人生只靠一腔热血是不行的，还要有足够的知识做支撑，并且不断更新，才能打开人生和事业的新局面。要不断振奋自己的精神。它必须是向上的、积极的。良好的精神状态是人生成功的基本前提，否则就将一事无成。

要正确把握自己。

首先，要保持知足心态，克服贪婪心态。钱，够吃够喝略有结余就

行；官，根据自己的实际情况，能发挥聪明才智、有用武之地就行。权责是一致的，权大责任就大，权大自由度就小。其次，要保持平衡心态，克服心理失衡。要学会自我调节心理平衡，做到宠辱不惊、淡泊名利，使自己的心理天平尽可能地处在一个水平面上。第三，要保持快乐心态，克服悲观情绪。凡事要选择好参照物，才能对周围事物有一个正确认识，才能从中得到乐趣、体会快乐，才能远离犯罪、永远快乐、健康长寿。同时，还要克服麻木和侥幸心理。要注意慎交友，不能谁的饭都敢吃、谁的礼都敢收，要保持清醒和戒备。凡是人家请你或者送你，都是有求于你，你就要有所思考和防范，切不可放弃原则乱许愿、乱办事，否则就会抱憾终生。

　　洛加尼斯上学的时候很害羞，也不善于讲话和阅读，为此他经常受到同伴的嘲笑和作弄。洛加尼斯感到非常沮丧和懊恼，但他同时也发现自己非常喜欢并且精通舞蹈、杂技、体操和跳水。洛加尼斯知道自己的天赋在运动方面，而不是学习。当认清这些之后，他变得没那么自卑了，并开始专注于舞蹈、杂技、体操和跳水方面的训练，以期脱颖而出，赢得同学们的尊重。没过多久，由于他的天赋和努力，洛加尼斯开始在各种体育比赛中崭露头角。

　　在上中学时，洛加尼斯发现自己对这么多的爱好有些力不从心了，因为无论是舞蹈、杂技、体操、跳水，每一项都需要辛勤的付出，但他不可能有这么多时间和精力去做这么多事。

　　他明白自己只能专注于一个目标，但他不知道要舍弃什么、选择哪个。这时，他幸运地遇到了他的恩师乔恩——一位前奥运会跳水冠军。经过对洛加尼斯严格地观察和细致地询问后，乔恩得出结论：洛加尼斯在跳水方面更有天赋。洛加尼斯在经过与老师的详细交谈和自我省悟后，认为自己的确更喜欢跳水。他认识到以前之所以喜欢舞蹈、杂技、体操，那是因为这些可以使他跳水更得心应手，可以为跳水带来更多的花样和技巧。他恍然大悟，于是专心投身于跳水事业之中。

　　经过长期专业地训练和不懈地努力，洛加尼斯终于在跳水方面取得了

骄人的成就。他16岁时就成为美国奥运会代表团成员，到28岁时就已获得六个世界冠军、三枚奥运会奖牌等奖项。由于对运动事业的杰出贡献，洛加尼斯在1987年获得了世界最佳运动员的称号和欧文斯奖，达到了一个运动员荣誉的顶峰。

正确认识自己，是一个人实现自己的人生价值的前提和条件。在有限的时间里，选择最适合自己的事情去做，只有这样，才能扬长避短，发挥自己的所长，且把这种长处发挥到极致，做到与众不同，创造出令人瞩目的成绩。保持精彩本色，谱写个性人生。

你会因为别人而束缚自己吗？你很在意别人的看法吗？你总是为别人而装扮吗？你会寄贺卡给自己不喜欢的人吗？在商店里不买任何东西，你会觉得不好意思吗？也许我们都曾这样过，总是照着自己想像的别人的期望去做，害怕别人失望，担心可能顺了姑心失嫂意。因而在不知不觉中，也就放弃了自我。我们应常扪心自问："我应该忠实于自己的意愿，还是该满足别人的期望？"从前，若有人在背后批评自己，我会生气。而现在呢？我会一笑置之。也许过去曾让我们懊悔、让我们消沉的事，时过境迁后回头再看这些都算不了什么，因为我已经认识到自己做人的价值。将生活的焦点过分地集中于别人的目光，这是一种非常愚蠢的生活方式。

有个年轻小伙子在订婚之后，却发现自己并不爱他的未婚妻。于是在婚礼前夕，他躲了起来。他不喜欢那个女孩，可他又不愿意做一个背信弃义的人，更害怕别人说他欺骗感情，以至于迟迟都不敢公布解除婚约。两年之后，他还是娶了那个女孩。后来的事实证明，他婚前的判断是对的。他的妻子挥霍无度，让他债台高筑，而且她脾气火爆，动辄就争吵不休。他在婚前就担心别人的评价而不敢取消婚约，婚后也因为同样的理由无法说服自己提出离婚。他就是美国第十六任总统亚伯拉罕·林肯。虽然他有勇气解放黑奴，但却无法解放自己。

爱默生说："为什么我们的幸福要取决于某人头脑中的想法！希望从别人身上得到快乐，就好比一个乞丐向人乞讨，这是非常辛苦的。"如果你发现一桩婚姻、一笔生意，或者一个决定会束缚你，就应该勇敢地去拒

绝，人生最大的学问就是：知道什么时候该答应别人的要求，什么时候该拒绝别人的要求。切忌被你愚蠢的自尊冲昏头脑，也不要太多地顾虑别人会怎么想。

心理学家们认为："不要"的意义远比"要"的意义深厚得多。当一个两岁的婴儿开始说"不要"的时候，就意味着他已经是独立的个体了，拥有自己的好恶和选择。人从小就具有独立的个人意识，为什么长大了就不应有自己的个性呢？真实的自我，不是靠世俗的评价堆砌起来的。你必须做自己的主人，满足自己内在的需求，而非外界的评价。

日本哲学家西田风多郎曾写过这样一首耐人寻味的短诗：人是人，我是我；然而，我有我要走的道路。在这首诗里，这位"西田哲学"的创始者，很明确地指出了我们有选择自我的自由与权利。我常看到许多人，长期忍受着窒闷的生活，却不懂得坐下来想想自己到底在干什么，需要什么，而只是一味地顺着别人的意愿，不懂得拒绝自己不想做的任何事情。

有一位刚离婚的病人，她觉得自己没人爱、被世界遗弃。终日郁郁寡欢。朋友安慰她：如果离婚能使你走出婚姻的牢笼，又有什么不好呢？长久以来，你总是首先考虑别人的需要和期待，而现在却可以放肆到不管任何人，只考虑自己，可以做真正的自己、独立的自己，而不是某人的太太。这样不是也很好吗？

亲爱的朋友，如果你发现一件事情会危及你的根本利益时，就应该勇敢地去拒绝。如果你不能选择自己所喜欢的生活，轻松自在地享受生活，那么生活对你来说，又有什么意义？

人是有思想的精灵，如果你认真地做自己认为应该做的事，你就无愧天地。放松自己吧，让自己悠游于生命之旅。

伊笛丝·阿雷德太太从小就特别敏感而腼腆，她的身体一直很胖，而她的一张脸使她看起来比实际还要胖得多。

伊笛丝有一个很古板的母亲，她认为把衣服穿得漂亮是一件很愚蠢的事情。她总是对伊笛丝说："宽衣好穿，窄衣易破。"她也总照这样的标准来帮伊笛丝穿衣服。所以，伊笛丝从来不和其他的孩子一起做室外活动，

甚至不上体育课。她非常敏感，觉得自己和其他孩子都"不一样"，完全不讨人喜欢。长大之后，伊笛丝嫁给了一个比她大好几岁的男人，可是她依旧没有改变。她丈夫一家人都很好，他们也充满了热情和自信。伊笛丝尽自己最大的努力要像他们一样，可是她做不到。他们为使伊笛丝开朗而做的每一件事情，结果都只是令她退缩到她的保护壳里。伊笛丝变得紧张不安，她躲开了所有的朋友，甚至害怕听到门铃响。伊笛丝觉得自己是一个失败者，又怕她的丈夫发现这一点，所以每次他们出现在公共场合的时候，她假装很开心，结果常常事与愿违。事后，伊笛丝会为这个难过好几天。最后不开心到使她觉得再也找不到活下去的理由了，伊笛丝开始想到自杀。

直到有一天，她的婆婆在谈及教育她的几个孩子时说，"不管事情怎么样，我总会要求他们保持本色。"婆婆随口的一句话，改变了伊笛丝的整个生活。

就是这句话，"保持本色！"在那一刹那之间，伊笛丝醍醐灌顶，幡然醒悟，也就是那一刻，她才发现自己之所以那么苦恼，就是因为她一直在尝试让自己适应一个并不属于自己的模式。

无所畏惧地走，信心满满地活

培根曾经说过一句话："人生最重要的才能，第一是无所畏惧，第二是无所畏惧，第三还是无所畏惧。"美国作家爱默生说过："自信是成功的第一秘诀。"

心灵就像是大海上的航标灯，当你迷失方向并且失去了指南针的时候，只要看到它，你就知道未来的方向在哪里。洞察自己的内心，让我们更加清晰自己的方向，更加明白自己的本质。

"自信是成功的第一秘诀。"在林峰公司成立之初，曾有半年多的时间没有接到订单。那段时间，为节省开支，公司几个人整日靠吃方便面度

日，同时，一面积极地联系业务。经过半年多的努力，终于接到了第一笔订单，公司的业务从此有了新的起点。当时的情形可以说是非常艰难，但在那种情况下，大家也没有放弃。不放弃，就意味着对自己有信心、对所做的事有信心。

世界级的推销大师哥特曼曾经说过："推销从被拒绝开始"。你不接受拒绝是不可能学会做推销的。曾经有人做过一个有趣的调查，就是调查美国、日本、韩国、巴西4个国家，推销人员在30分钟的谈判过程当中，客户或潜在客户说"不"的次数，也就是遭到拒绝的次数结果为：日本人是2次，美国人5次，韩国人7次，巴西人最多，42次。

杰米是一家铁路公司的调度人员，他工作认真，做事负责。不过他有一个缺点，就是缺乏自信，对人生很悲观，常以否定、怀疑的眼光去看世界。

有一天，公司的职员都赶着去给老板过生日，大家都提早出门走了。不巧的是，杰米不小心被关在一个待修的冷藏车里。恐惧之下，杰米在车厢里拼命地敲打着、喊着，但全公司的人都走光了，根本没有人听得到。杰米的手节敲得红肿，喉咙叫得沙哑，也没有人理睬，最后只好颓然地坐在地上喘息。他越想越害怕，车厢里的温度只有零度，如果再不出去的话，一定会被冻死。

第二天早上，公司的职员陆续来到公司。他们打开车厢门，一眼发现杰米倒在地上。他们将杰米送去急救，但已经无法挽救他的生命了。但是大家都很惊讶，因为冷藏车里的冷冻开关一直没有启动，这巨大的车厢内也有足够的氧气，更令人纳闷的是，里面的温度是十几度，但杰米竟然给"冻"死了！

杰米并非死于车厢内的"零度"，他是死于心中的冰点。他已给自己判了死刑，又怎么能够活得下去呢？

下面的一个故事则给了主人公们不同的结局。

6名矿工在很深的井下采煤。突然，矿井坍塌，出口被堵住，矿工们顿时与外界隔绝。

大家你看看我，我看看你，一言不发。凭借经验，他们意识到自己面临的最大问题是缺乏氧气，如果应对得当，井下的空气还能维持 3 个多小时，最多 3 个半小时。

外面的人已经知道他们被困了，但发生这么严重的坍塌就意味着必须重新打眼钻井才能营救他们。在空气用完之前他们能获救吗？一些有经验的矿工决定尽一切努力节省氧气。他们关掉随身携带的照明灯，全部平躺在地上，尽量减少体力消耗。

在大家都默不作声，四周一片漆黑的情况下，很难估算时间，而且他们当中只有一人戴着手表。

所有的人都不断地向这个人提问：过了多长时间了？还有多长时间？现在几点了？时间被拉长了，在他们看来，2 分钟的时间就像 1 个小时一样，每听到一次回答，他们就感到更加绝望。他们当中有人发现，如果再这样焦虑下去，他们的呼吸会更急促，这样会要了大家的命。所以，他提议由戴表的人来掌握时间，每半小时通报一次，其他人一律不许再提问。

大家遵守了约定。当第一个半小时过去的时候，这人就说："过了半小时了。"大家都喃喃低语着，空气中弥漫着一股愁云惨雾。

戴表的人发现，随着时间慢慢过去，通知大家最后期限的临近也越来越艰难。于是他决定不让大家死得那么痛苦，他在告诉大家第二个半小时到来的时候，其实已经又过了 45 分钟。谁也没有注意到有什么问题。大家都相信他。在第一次说谎成功后，第三次通报时间就延长到了一个小时以后。他说："又是半个小时过去了。"另外 5 人各自都在心里计算着自己还剩下多少时间。

表针继续走着，每过一小时大家都收到一次时间通报。外面的人加快了营救速度，他们知道了被困矿工所处的位置，但是他们很难在 4 个小时之内救出被困矿工。

4 个半小时到了，最可能发生的情况是找到 6 名矿工的尸体。但他们发现其中 5 人还活着，只有一个人窒息而死，他就是那个戴表的人。因为他清晰地知道时间走过了多少，找不到存活下去的信心。

一位画家把自己的一幅作品送到画廊里展出，他别具心裁地在旁边放了一支笔，并附言："观赏者如果认为这画有欠佳之处，请在画上作上记号。"结果画面上标满了记号，几乎没有一处不被指责。过了几日，这位画家又画一张同样的画拿去展出，不过这次附言与上次不同，他请人们观赏后将他们最为欣赏的妙笔都标上记号。当他再次取回画时，看到画面又被涂满了记号，原先被指责的地方，却都换上了赞美的标记。

世界上每个人看事情的角度是不一样的，所以绝不要企求得到每一个人的赞扬。这个画家的事迹，就是很好的诠释。如果画家在受到指责之后，沮丧不已，认为自己不行，他可能就从此消沉下去，没有信心再继续从事艺术创作了。正如这样一句话："有自信心的人，可以化渺小为伟大，化平庸为神奇。"

活着就要拼搏，奋斗创造人生

在当今商业化的社会里，是没有等式可言的。当你在埋怨自己太平凡，没有遇到好机会，当你抱怨生意难做，哀叹伤心的时候，也许有人正在因为点钞累得气喘吁吁。这里的差别就在于：你认为一加一应该等于二，而有人却认为一加一永远大于二。

常言说：人生在世，吃穿二字。试问你靠什么享受？

富人为什么会富起来呢？富人先富起来的，正是他的心态。富人在骨子里就深信自己生下来不是要做穷人，而是要做富人的。他们有着强烈的拼搏意识，他们会想尽一切办法让自己富起来。他们的口号是，钱不是省出来的，而是赚出来的。

走在大街上，你不会不常见无数的奔驰、宝马、奥迪飞驶而过；你不会不知道众多的人住上了高楼，买上了公寓，搬进了别墅。想想同样是人，别人去豪华的大酒店、歌舞厅等，而自己只能去普通的饭馆、一般的娱乐场所。别人买上万元，几十万元的家具，而自己买什么都要去精心计

划，避贵寻贱。

为什么别人能买的东西，自己却不能买呢？为什么别人能有高级的待遇，自己却只能享受低级的呢？认真想想，难道不感到窝心吗，同样做人为什么就要比别人差？所以做人一定要有目标，要有志向，要拼命地学习和工作，绝不能甘于落后。

既然都是人，我们就不能自己看不起自己。我们只要为自己找准一个目标，寻到一个方向，努力拼搏，奋力实现自身的价值。做人就要做强者，永远不要说自己比别人差。

人活在世上，你永远不能忘记欣赏自己，抹掉自卑。其实，你不必在欣赏别人的时候，一切都好；在审视自己的时候，就什么都不及。

天空给予你的一样高远，大地给予你的一样广阔，自己比别人一点也不差。你甚至是别人未曾见过的一株春草，是秋天的参天果树。

甘肃省陇西县德新乡有一位农民，为了能在家乡盖上三间漂亮的砖瓦房，他从甘肃来疆后选择了在乌市小西门做扛包工。从 2001 年到 2005 年他在乌鲁木齐市扛了四年大包，攒下了两万多元钱，回家盖起了三间大砖房后，又将妻子和孩子接到了乌鲁木齐。他说他的下一个目标是要赚更多的钱，让孩子在城市读书，将来上大学，让妻子做一回城市人，享受城市的生活。

是意志坚定了他的选择，是梦想让他来到了城市，是努力实现了他的愿望，美好的理想激励着他更加信心百倍地去迎接明天。

"这个世界上人人都是平等的，要知道地上长的是钱，身边飘的是钱，天上掉的是钱，只是看你会不会抓罢了。"这句话说得很好，很有启发。它所说的抓钱泛指成功。它的意思是说世界上成功的机会比比皆是，只是看你是不是善于运用智慧，抓住机会，实现你的人生目标。

人，应该怎样精彩的活着呢，那就是要相信自己，挑战极限，勇于拼搏，活出属于自己的天地！

人，活着就要有目标，有了目标就要努力奋斗，只有努力奋斗，只有自己去拼搏，才能创造自己人生的价值，相信自己，有目的的、高效率的

奋斗，从哪里跌倒从哪里爬起，那么成功一定不会太遥远，到那时，你也许就会对"人，活着为了什么?"有了更深的理解。

人这一辈子，总难免有几番浮沉，没有平坦的路途，也不会永远如旭日东升，也不会永远穷酸潦倒。几许的一浮一沉，对于一个人来说，正是磨炼，否则，我们的人生轨迹岂能美好?而如果我们能保持一种健康向上的积极心态，即使我们身处逆境、四面楚歌，也一定会有"柳暗花明"的那一天。曾经有两个囚犯，从狱中望眼窗外，一个看到的是满目泥土，一个看到的是万点星光。面对同样的际遇，前者持一种悲观失望的灰色心态，看到的自然是满目苍凉、了无生机；而后者持一种积极乐观的积极心态，看到的自然是星光点点、光明亮丽。

人活着不容易："人生一世，草木一秋，花有重开日，人无再少年""一寸光阴一寸金，寸金难买寸光阴"都说明我们在走向死亡。人不能碌碌无为地度过这一生，虽然人都很平凡，但是我们有了目标，有了奋斗的方向，认识到生命的价值要靠我们自己去创造，我们还会担心作为一个平凡的人，站在同样平凡的岗位上，做不出不平凡的业绩来吗?

不同的心态就会造就不同的命运。人生在世，困难、挫折不可避免，关键看你怎么去对待，是想勇往直前地战胜它，还是甘愿忍受它的摆布。

在马德里的监狱里，塞万提斯写成了著名的《唐吉诃德》，那时他穷困潦倒，甚至连稿纸也无力购买，只能拿小块的皮革当纸写作。

有人劝一位富裕的西班牙人来资助他，可是那位富翁答道："上帝禁止我去接济他的生活，唯因他的贫穷才使世界富有。"

在那个时代，监狱往往能唤起许多高贵人士心中沉睡着的火焰。《鲁滨逊漂流记》一书也是写在牢狱中的，一部《圣游记》也诞生在贝德福德的监狱中。瓦尔德·罗利爵士那著名的《世界历史》，也是在他被困监狱的 13 年当中完成的。

在第二次世界大战期间，有位犹太裔心理学家被关押在纳粹集中营里，受尽了折磨。父母、妻子和兄弟都死于纳粹之手，唯一存活下来的亲人是他的一个妹妹。而当时，他本人常常遭受严刑拷打，死亡之神随时都

会青睐他。

有一天，他在赤身独处囚室时，忽然悟出了一个道理：就客观环境而言，我受制于人，没有任何自由；可是，我的自我意识是独立存在的，我可以自由地决定外界刺激对自己的影响程度。后来他发现，在外界刺激和自己的反应之间，他完全有选择如何作出反应的自由的能力。

但丁被宣判死刑，在他被放逐的20年中，他仍然孜孜不倦地在那里工作；马丁·路德被监禁在华脱堡堡垒的时候，把圣经译成了德文；班扬甚至说："如果可能的话，我宁愿祈祷更多的苦难降临到我的身上。"约瑟尝尽了地坑和暗牢的痛苦，终于当上了埃及的宰相。

人生需要利剑，也需要钝斧，因为利剑具有冲锋陷阵的勇气，钝斧却是面临人生中的挫折时，能够不急不躁的知足与适度。在生活中若能两者兼具，就能具有百折不挠的力量，以及视磨难与困境为人生常态的平和，唯有如此，我们才能真正感到身心的安顿与和谐。经历过苦难磨炼的人，愈为环境所迫，反而愈加奋勇，不战栗不退缩，终会取得人生的辉煌。

学会享受生活，懂得珍爱生命

把自己的心态摆正，用一颗平常心，去体味人生，享受人生、去迎接大自然对人生的挑战，深刻认识到酸甜苦辣乃是人生的真谛，兴衰荣辱即是自然界赋予人类永不衰败的交响曲。

怎么去诠释人生呢，人生是一首歌，是一场戏，是一壶陈年老酒……每个人都应学会享受生活，轻松而快乐地度过每一天。

人与人之间都是有本质差别的。不管你承认不承认，对于有些东西只能无限接近，而永远也无法超越。所以，从现在开始学会享受生活吧。对于一杯清茶来说，并不比一杯咖啡逊色，伴着爱人散步并不比坐"宝马"兜风缺乏情趣，全家团聚喝着稀饭的那种境界并不比让情人陪着坐在音乐厅的茫然心情更让人感到无趣。

只要学会享受生活，才能做到更加珍惜生活，从而激发你创造生活，生活才会有奇迹出现。

"上天为我关一道门，也会为我打开另一扇窗，就因为上天对我开了个小玩笑，使我领悟，人生不会永远风平浪静，但每个人都会有属于自己的幸福。"这是台北市全盲生陈盈君，在作文《最长的路》中的一段乐观告白，展现了不被命运打败的坚毅性格，也成就了太阳之女的风范。

陈盈君是景美女中创校三十七年来，首位入学的全盲生，校长陈富贵曾建议她到身心障碍教育设备丰富的市立松山高中就读，但陈盈君坚持与正常学生一起上课，她克服了眼盲及一耳失聪的障碍。除了功课进度从不落后，下水游泳宛如美人鱼，凭感觉打羽球，更热中参加社团活动，连直排轮社都准备去尝试。外貌清秀的陈盈君，坐在课堂里，完全看不出是全盲生，只有走路时要靠柱手杖，才让人惊讶所发现的事实。

陈盈君在国小六年级时，因为脑膜炎，两眼视力全失，同时丧失了左耳的听力，经过半年特殊的训练，她进入古亭国中就读，与正常学生一同上课，她在班上一直保持前十名，毕业时并未透过身心障碍特殊升学管道，而是凭着实力以自学班学生身份接受分发，成为景美女中的新生。

从明眼人骤然变成全盲生，她走过艰辛的适应过程，忆及国小毕业那年暑假，特教老师带她到古亭国中定位，她却一天到晚撞墙，一不留神就踩空，明眼人几天就熟悉的校园，她却花了两个月才通行无碍，但是，她没有怨恨，因为，此时她的心中早已脱离了自怨自艾的情绪。

常常听新闻的她，时常关注社会脉动，她随时准备好，希望有一天能够恢复正常人的生活，从不把自己当盲人看的她，最喜欢玩云霄飞车，她的感觉是："有强烈的风速从脸庞扫过，大声叫出来的瞬间，像是超越自我，也发现自己无限的潜能。"

她在黑暗的人生中，活出了自己生命的光亮。

一个樵夫上山去砍柴，看见一个人正躺在树下乘凉。樵夫忍不住问那人："你怎么躺在这儿，为什么不去砍柴呢？"

那人不解地问："为什么要砍柴呢？"

樵夫说："砍来的柴可以卖钱呀！"

那人又问："卖了钱又做什么用呢？"

樵夫满怀憧憬地说："有了钱就可以享受生活了。"

那人听后笑了，说："那你认为我此刻在做什么？"

"生活在此刻"，活在当下，就是享受你正在做的。必须摆脱对"下一刻"的迷恋和幻想，它们大多数都不切实际，虽然有些最终会得到，但却会剥夺了我们此刻的生活。

学会欣赏万事万物。不要一边吃饭一边想着工作中的事，不要一边工作又一边担心下班后要做的事。

我们要为每一天的日出感到欣喜。

我们要为自己所从事的工作的乐趣而高兴。

我们要分享与家人、朋友相处时的甜蜜。

我们要学会与自然和谐共处，去聆听风雨之声，去仰望璀璨的星空，与无穷的自然生命力相合为一。

我们将不在生活的表层游离，而是深入进去，聆听生活最美的"乐章"，让生活变得更加生动、更加富有魅力。

昨天是一张过期的支票，明天是一笔尚不能取出的存款，惟有今天才是摆在你面前的现金。享受此刻吧！活着的人，要记住，生命是美丽的，美丽总是短暂的。紧紧抓住它吧！今天对于我们来说，只有一次！过好每一个今天，昨天既然已成往事，又何必太费心机。抓住今天，忙碌于今天，你就无暇顾及昨天。好好珍惜，享受你的当下。

学会享受阳光，拥有幸福生活

生命里有着太多让人承受不起的阴影，如果一味地沉溺于苦痛中，就将失去生命原本的色彩。在生命停泊的港湾，让我们一起邀请阳光走进来，寻找属于自己的光彩。

享受富贵带来的安逸；享受苦难给予的磨练；享受失败赠与我们的成长；享受成功给予我们的喜悦。享受内心的柔软，享受幸福的温馨，享受温情的感动，享受艺术的魅力。总之，人的一生随时都可以当作是享受的一生，只要你懂得如何去享受。

然而享受不意味着享乐。享受重在精神上的舒展和愉悦，人格上的升华，体验人性的美丽与高贵，体察世间的疾苦与忧伤，把自己内心最美丽、最柔软的一面呈现出来。而享乐重在物质，没有物质作陪衬，快乐之源便会消失。这种快乐带有极强的功利性，是一种狭隘的快乐，一种虚荣的快乐。实质它已脱离了快乐的本质，不是真正的快乐。

一句关爱的话语，一首动人的音乐，一篇感人的文章，一处美丽的景观，一个温情的真实流露……都会引起我们内心的共鸣，让温情在瞬间冲破世俗的观念流淌在我们身上。

要懂得享受生活，你必须拥有一颗敬畏生命、敬畏自然的心，体察世间的欢乐与忧伤，充实你的内心。

要懂得享受生活，你要有一颗爱心，给予他人尊重，施与他人帮助，让他们感受到心灵的温暖。

要懂得享受生活，人要有自信、乐观的人生观，把苦难踩在脚下，把烦恼抛在脑后，去迎接灿烂的明天。

幸福的感觉其实只是一种选择，一个人如果能够学会选择幸福，则人生处处充满微笑，也才能活出生命的光彩。

懂得享受生活的人往往给人以一种欣欣向上，朝气蓬勃之感，为人豁达，乐观。不懂得享受生活的人总在痛苦边缘上徘徊，走不出自卑的泥潭。

懂得享受生活的人总是会设身处地替别人着想，不懂得享受生活的人只会自私地为自己着想。

懂得享受生活的人心胸开阔、心地善良，拥有坚定的信念。而只会享乐的人总是在纸醉金迷里沉沦，在诱惑的漩涡里迷失自我。

秋天的阳光明媚灿烂，一个女孩却坐在马路边抱头痛哭。行人匆匆，

素不相识的人们很快就把那绝望的哭声落在身后。看不清她的面庞，只看到她消瘦的背影，那消瘦的背影伴随着她的哭声在不停地颤抖。

一位老者蹲下身，挨着她坐下，"为什么哭？遇到了怎样不顺心的事情？"

她不讲话，仍然在哭，哭得那么伤心。"想开些，无论遇到什么不痛快的事，都要想开些，天掉下来有地接着……"老先生的语气是真诚的，和善的。

"我活着太没意思了，我想想就懊悔……我怀孕的时候，他打我，他把我从楼梯上面往下推……"她断断续续地诉说着，抬起头来瞥了老者一眼，依旧低下头继续哭，她的眼睛又大又黑，如果把脸颊与脖子上的灰尘洗干净了，应当是个很漂亮的女人，也是个年轻的女人。

"哭有什么用？你的丈夫，忍心看你一个人在这里哭，说明他根本没有把你放在心里，你越哭，他越会觉得你没本事，你可以回家好好跟他谈谈，让他改邪归正。如果改了，好，日子继续过下去，如果不改，那么离婚！"

"孩子才刚刚三岁，离婚的话……"女人依然低着头继续哭。

"你应该为孩子活着，但更应该为自己活着。别哭了，回去把脸洗干净，把头发梳理整齐，把身上这套黑衣服换成亮色的。该吃饭的时候吃饭，该照顾孩子就照顾孩子，做好该做的事情。别只知道哭，哭是无能的表现。"惊天动地的哭声渐渐地变成了轻轻地啜泣。

"你的嗓子都哭哑了，你喝点水吧，我们都该回家了。"老者将手中的矿泉水放在她的身边，她抬起头望了老者一眼，目光里蕴含着感激与信任。

望着她渐渐远去消失的背影，老者的心情久久不得平静。他想起一个荒谬的笑话，讲得是一个失恋的青年到酒吧借酒消愁，恰巧遇到一个落魄潦倒的醉汉，他喝了吐，吐了接着喝，青年便忍不住问他生活中到底遭到了什么不幸，值得这样糟蹋自己。"我太不幸了，"醉汉答道，"我前后娶过三个老婆，前两任都不幸暴毙，现在这一个，昨天都还好好的，此时却

躺在医院昏迷不醒了。"青年不解地看着醉汉问："好好的为什么忽然昏迷不醒了呢?"，"因为她不肯像前两个那样乖乖地吃下毒药，所以我一时受不了，便按着她的头去撞墙，结果撞晕了她。"醉汉说道。

爱是一种幸福的信仰，幸福的感觉其实只是一种选择，每个人都有自己的幸福期许，但是懂得拥有幸福后，享受知足的人生之乐的人却是寥寥无几。一个人如果能够学会选择幸福，享受幸福的乐趣，则人生处处添生机；很多人感觉不幸，其实都是自己的心态所致，上帝对每个人都是公平的。在困难面前，只有勇往直前，接受洗礼，仰起头来凝望蓝天，享受阳光，才会拥有幸福的生活，未来也会因此变得更加美好。

Chapter 2
这辈子，要有勇气向命运宣战

人活一世，要有盼头。有了盼头，就能掌握自己的命运，开始新的人生。世人大多认为，人的命，天注定。我们无法轻易改变，无论祸与福，我们都要虔诚地接受。他们可曾想到，我们的命运原本就掌握在自己手中，只要我们有积极的态度、坚定的信念、明确的方向，那我们就可以操纵命运，改变人生轨迹。

人生的过程就是向命运不断发起挑战的过程，一个敢于向命运挑战的人，无论遇到什么挫折，都会坚持不懈，一如既往地努力奋斗，不达目的誓不罢休。这种敢于向命运挑战的精神是取得一切成功的重要因素。如果我们有了这种不败的精神，还有什么困难能成为我们的障碍呢？在日常的生活中，很多人有毅力，不怕失败，总能克服一切困难，最终取得不可一世的成就，成就了无比辉煌的人生。

命运掌握你手，奋斗创造未来

人生在世，真的有天命主宰万物吗？几千年来，关于命运的话题，人们谈论不休。为什么有人天生"富二代"，事事坐享其成，而有人却是"贫二代"，苦熬一生，也不得出路。有人健康聪慧，一生与阳光为伴；有人却身有残疾，终身被病痛捆绑。命运为何如此不公？

其实，换个角度想，这天生的"命运"真的能决定人一生吗？我们应该相信，自己才是所有规则的主宰，命运是掌握在自己手里的。只要心中有坚定的目标，我们便能主宰自己未来的命运！

中国文坛大家史铁生的一生让人们感叹，同龄人佩服其坚毅、下一代感叹其文字的力量。文字如其人，人们对他的敬佩，皆因他对命运的抗争。他比任何人都更有理由感叹命运的不公。但是，他没有这样做，而是微笑着面对命运的挑战，用自己手中的笔展示出了生命的奇迹。

史铁生的文字能够读出他对多难的命运报以宽容的态度，但是这并不意味着屈从命运，在命运的残酷中隐忍不言。他曾怨恨过上天给他安排的命运，也许不止一次地想像着如果这种遭遇没有降临在他身上，生活该是多么美好。但是他接受了现实，努力地去与命运进行抗争，至少要用这种抗争精神夺回一部分对命运的控制权。就这样，他抱着不甘心束手待毙的精神，达到了常人难以达到的人生境界。

这种精神会让遭遇苦难的人把命运强加他的疼痛和悲伤抛在脑后，力所能及地绽放生命中的光彩。只要能够拥有这种力量，无论厄运的风暴把生命之舟吹到什么样的荒岛，都能以主人的姿态上岸。

就如那句流传甚广的话："我们是盲人，正常人看我们会不顺眼，所以，哪怕我们自己不能看见，也一定要活得好看。我的眼前没有光，但我要在你的眼睛里活得好看。"

马诺哈尔和娜赫玛是人人羡慕的幸福夫妻。他们有着共同的爱好，作

为一代天才科学家的马诺哈尔和一名老师的娜赫玛都喜欢作画，并且造诣颇深。事业稳定以后，他们经常周游世界，交朋友、品美食、赏奇景，一家三口其乐融融，享受着生活的美好。

而就在旅游途中，一场车祸改变了原本近乎完美的一切。

娜赫玛受了重伤，虽然经过抢救性命保住，但是肩部以下终生瘫痪。她不得不服用很多对身体其他器官尤其是大脑有损伤的药物，同时忍受着褥疮、病变和身体痉挛的折磨。身体的每况愈下，让她24小时都需要人的照顾。

福无双至，祸不单行，就在照顾娜赫玛的时候，同样从车祸捡回性命的马诺哈尔，视力开始变坏，他患上了视网膜色素变性，这种病会让人的视力逐渐衰退，最让家庭绝望的是，对于这种病，人类还没有找到治疗的方法。

生活的阴云笼罩着这个曾经幸福的家庭，夫妻双双重病，小女儿稚龄需要照顾。但是，上帝为你关上门的同时，他会同时打开一扇窗。而娜赫玛家的窗子不是上帝打开的，而是他们自己用超乎常人的毅力自己撑起来的。

娜赫玛、马诺哈尔夫妇消沉了一段时间之后，并没有自暴自弃，夫妻二人十指相扣、无声地交流着，在对方眼中找到了坚定和不屈，就这样他们不离不弃，相互扶持，打开了通往新生活的大门。30年如一日，马诺哈尔亲力亲为，心甘情愿地做妻子的护工和"保姆"。生活中的每个细节甚至把她从汽车里抬出来时轮椅应该倾斜的角度，他都知道得一清二楚。他经常开玩笑说，自己是应该拿"巧手"奖，因为在他看不到台阶、甚至看不到轮椅，完全凭感觉的情况下，可以推轮椅上楼梯，他为自己的绝活感到自豪。

娜赫玛也没有停下来享受丈夫的特殊待遇，她在家里为学生开设了英语口语课，并编写儿童读物。她参加了好几个妇女组织，并为数家慈善公司筹款。她不间断地接受治疗，身体机能在她顽强的毅力下逐渐有所恢复，她甚至渐渐学会了用肩膀肌肉写字。

后来，马诺哈尔出版了自己的第一本书《绿泉年华》，书中，他用深情而质朴的文字记录了在自己眼中色彩纷呈的岁月。

书中最震撼人心的是其中一幅精致的钢笔插图。这幅图片是他自己所画。他没有对颜色的感知能力，而且视力也近乎为零，只能看到常人通过针孔看到的一点微弱的东西。为了完成这幅作品，工作时，他用特殊的眼药水来扩大瞳孔，使用超强的光线和特殊的放大镜，戴着手套，因为强光会使他出汗，汗水滴下会脏了画面。就这样，他靠着娴熟的技巧、精准的记忆力和远远超出常人的毅力，完美地完成了这幅蕴含深厚意境的画。

现在，他们每年都一起制作明信片。娜赫玛负责写文字，马诺哈尔负责作图，她为他画的雕塑、街道或者自然景色作注解。他们把出售明信片的收入所得全部捐献给了慈善机构。

就这样，他们没有屈服命运，而是尽心尽力的享受生活赐予的点滴。他们一同感受雨雪风霜、享受清风阳光，作画、听音乐、吃美食、招待朋友，享受与命运抗争所带来的惬意温馨。

马诺哈尔夫妇用实际行动向我们展示了一种力量——不屈服于命运的力量。

人类的感情并非外表看起来那样的坚强，面对突如其来的厄运时，人们会彷徨、痛苦甚至怨天尤人。但是这些都不能压抑我们对命运叛逆的心，面对命运的不公，我们会反抗、拒绝甚至挥拳相向。因此，面对不公平命运的时候要保持着一种生命的张力，接受命运的同时并不屈服命运的束缚，更不要漫不经心和消极堕落。接受和不屈服是一种结合了大度和坚强的力量，把已经拥有的疼痛和无奈暂时搁置，关注自己力所能及的事，让自己远离懊悔和仇恨，静下心来享受和珍视现在拥有的和生命赋予的其他光彩。在苦难面前，如果能淡定从容，以一种韧性来战胜它，那么，就会发现生命的另一种色彩。

鸟靠着自己的羽翼飞翔，鱼靠着自己的鳍在游泳，虽然它们明知会遭遇许多困难，仍能从奋斗中，感受到生命的存在。活着就是为了活得精彩，活得有意义、有价值，这是一种不屈的精神，是一颗热爱生活的心。用坚定信念和热情筑起来的心灵大厦，是不会被所谓的命运束缚。挣脱枷锁，直冲云天，骄傲地活着，才是我们应该有的态度。

什么样的选择，什么样的命运

人的一生努力很重要，但选择更关键。正确的选择是造就成功的基础。有什么样的选择就有什么样的命运，有什么样的选择就有什么样的生活。今天的生活是由三年前我们的选择决定的，而今天我们的抉择又将决定着我们三年后的生活。人生的道路是由一连串选择组成的。每一种选择都带着快乐和痛苦。快乐是一种营养，痛苦是比快乐更丰盛的营养，它们共同滋补着人生，让生命迸发出无限活力和蓬勃生机。

有一位父亲，在他很小的时候父母就去世了，他成了一名孤儿，流浪街头，孤苦伶仃，一无所有，受尽磨难。最后终于创下了一份不菲的家业，而他自己也已经到了人生暮年，该考虑辞世后的家业安排了。他膝下有两子，风华正茂，一样的聪明，一样的踏实能干。几乎所有的人，都认为应该把财产公平地一分为二，平分给两个儿子。但是，在最后一刻，他改变了主意。他把两个儿子叫到了床前，从枕头底下拿出一把钥匙，抬起头，缓缓地说道："我一生所赚得财富，都锁在这把钥匙能打开的箱子里。可是现在，我只能把这把钥匙给你们兄弟二人中的一个。"

兄弟俩十分诧异，几乎异口同声地问道："为什么？这太残忍了！"

"是，是有些残忍，但这是最好的办法。"父亲停了一下，又继续说道："现在，我让你们自己选择。选择这把钥匙的人，必须承担起相应的责任，按照我的意愿和方式，去经营和管理这些财富。拒绝这把钥匙的人，不必承担这些责任，生命完全属于你自己，你可以自由地按照自己的意愿和方式，去赚取世界的财富。"

兄弟俩听完，心里开始有了动摇。接过这把钥匙，可以保证一生没有苦难、没有风险，但也因此而被束缚，走一条事先被铺设好的路。拒绝呢，毕竟箱子里的财富是有限的，外面的世界更精彩，但是那样的人生又风雨变幻，前途未卜。

父亲早知兄弟俩的心思，他微微一笑："不错，每一种选择都不是最好，有快乐，也有痛苦，这就是人生，你不可能把快乐集中，把痛苦消散。最重要的是要了解自己，你想要的是什么？要过程，还是要结果？"兄弟俩豁然开朗。哥哥说："弟弟，我要这把钥匙，如果你同意的话。"弟弟微笑着对哥哥说："当然可以，但是你必须答应我，认真地管理父亲的基业。如果你答应我的话，我就可以放心去闯荡了。"二人权衡利弊，最终各取所需。这样的结局，与父亲事先的预料不谋而合，因为最了解儿子的莫过于看着他们长大的父亲。

二十多年过去了，哥哥生活舒适安逸，但是并没有沉沦，把家业管理得井井有条，性格也变得越来越温和儒雅，特别是到了人生暮年，与辞世的父亲越来越像。弟弟生活艰辛动荡，几多跌宕，受尽磨难，性格变得刚毅果断。与二十年前相比，相差很大，兄弟俩的经历、境遇迥然不同。最苦最难的时候，他也曾后悔过、怨恨过，但是已经选择了，就没有退路，只能一往无前，坚定不移地走下去。经历了人生的起伏跌宕，他最终也打造了一份属于自己的事业。这个时候，他才真正理解了父亲的初衷，并不由地深深感谢父亲。

王君的辞职创业经历也许能给人们一些思考。

王君是典型的 80 后，上大学，找工作。2006 年，大学毕业后，她进了一家新竹的小公司做文秘。一个月 4 万台币左右，这在当时，对于一个刚走出校门的大学生来说，算是少有的高薪了。可是仅仅三个月后，她觉得这种文秘工作不适合她。她很有想法，她总有一股自己做主的冲劲儿。她隐隐觉得，这不是普遍的年轻人的冲劲儿，也许是另一个自己。

文秘工作，枯燥乏味，而且面容姣好的王君时常得到老板的"青睐"，频频骚扰让她手足无措。但 4 万台币，高于常人许多的工资让她举棋不定。但是，如果停在原地，就要忍受老板的持续骚扰，忍受居于人下的难堪。而辞职创业，又是一片未知，而这片未知将是色彩斑斓，还是黯然惨淡则在于自己的打拼。我的未来我做主，王君毅然选择辞职离开，自己创业。

在此之前，王君为自己的网店构建了一个"蓝图"。她本身就年轻、

时尚，对女孩子时尚穿衣打扮很在行，如果自己开家店，则要发挥这个优势。选择开网店，是因为网上开店没有实体店那么大的风险，投入也不大，值得一试。而且，随着网购的流行，网店前景看好。

一个月后，下定决心的王君递交了辞职书。

王君靠着自己的直觉发现：自己开网店，如果商品太大众化，肯定不会吸引更多的消费者。商品价格不能走高端，款式也要独特，这样才能在网店上立足。

经过一番打探，王君最后把目标锁定在了"哈韩服装"。目标确定了，她开始了自己的淘宝网店的创业路。

她靠着自己攒下来的4万台币和父母的资助，开始了第一批服装进货。她去内地进货，联系一些韩国品牌，做代理。前期五万元投入后，她有了自己的第一批储备。从北京回来后，她把代理的衣服、鞋帽、韩国饰品、化妆品统统拍照传上了网。

但是，意料之外的，生意却很冷淡。有时一连几天都无人问津，一个月下来，只有900多元的收入。但是她并没有气馁，而是渐渐地意识到，开网店与买家沟通的桥梁就是文字。她查看了评价，很多都是因为回复太慢，沟通太少而给的中评。而且，根据自己的购物经验，上传的图片效果也很影响淘客的购物兴趣。王君开始在这个方面下功夫，练习自己的打字速度，学习拍摄技术。

一年的积累和打拼，生意不断进门的王君尝到了自己做老板的滋味，一个全新的韩国货品进口网在淘宝上火了起来。她的店铺靠着商品多、价合理、信誉高的优势，逐渐做大，进入了稳定期。她也华丽变身成了年薪20万的小金领。

她坦言，辞职创业之初没想过自己的网店可以有现在的成绩，这与买家朋友们的合理建议和自己的辛苦付出是分不开的。但是追本溯源，这与她当初的选择有更直接的关系。如果没有选择辞职，也许一年后的今天，她还是在小公司里蝇营狗苟，应付上司。后来的辛苦固然是成功的根本，但是最要感谢的还是自己当初不悔的选择。

用选择来改变自己的命运。其实选择是来自于内心的一种力量。当你有自信、有能力创造另一片天空时，就要给自己一个机会，未来的路很宽，机会很多，不要停留在眼前的一亩三分地。

一个活得很精彩的人，总是能够在生活中自由自在地挥洒，勇于选择和承担生命的责任，不受尘世的约束却又深情细致；在任性与认真之间，不管是守着边缘或主流的位置，都能在飘泊移动的生命中，体悟人生。

选择积极方式，迎接命运挑战

"逆水行舟，不进则退。"我们必须以积极的方式和态度去迎接命运的挑战。正如《谁动了我的奶酪》所讲的那样，舒适区就像你手中的奶酪，变化就像拿走你奶酪的人。很多人害怕变化，总是拼命维持现状，甚至当环境已经改变后，仍然不愿意去面对。但是，如果你不懂得主动地适应变化，你的奶酪——舒适区只会变得越来越小。

如果有一天，你原来的奶酪不见了，你没有了舒适区，怎么办？是像两只小老鼠嗅嗅和匆匆那样，立刻开始寻找新的奶酪？还是像哼哼和唧唧那样，留在原地，被失去奶酪的痛苦感、挫折感和饥饿感困扰？

假如你选择立刻启程，你会像嗅嗅和匆匆那样，虽然重新经历了一番辛苦，但却找到了新的奶酪站，也就是新的舒适区。假如你像哼哼和唧唧那样自怨自艾，你不但不会拥有新的舒适区，原有的舒适区也会渐渐消失——因为奶酪在一天天减少，而饥饿感却在一天天增加。

积极的态度和行动是对抗外界环境的法宝。

在动物世界里，有一种动物名叫帝王蛾，它能获得这样的美名绝不仅仅因为那十几或几十厘米长的翅膀，而是在于它破茧而出的强大生命力。要知道，对于一个体形庞大的帝王蛾来说，要从那一个洞口极其狭小的茧中钻出要比其它的飞蛾都要困难，但只有破茧而出才能获得新的生命，否则人为地将洞口拉大，只会让它成为生命的牺牲品。面对"鬼门关"一

样的茧，帝王蛾突破了，它们获得了飞翔的翅膀，受到了生命的洗礼。

在如今的社会中，依然有很大一部分人依靠父母苟且地活在世上。他们衣食无忧，享受世间极乐，却只是温室里的花朵，碌碌无为，让美好的年华悄悄地流逝。

勇于接受生活里的每一次挑战，让自己拥有一颗坚强勇敢的心；

勇于接受生活里的每一次挑战，让自己获得坚毅不屈的意志；

勇于接受生活里的每一次挑战，让自己无愧于心，获得成功带来的喜悦。

既然逆境和苦难是无法避免的事实，无论我们喜不喜欢，它都会降临在我们身上，所以不安、愤怒甚至抗拒的心态，都只会成为阻挡我们前进的障碍。

因此，当挑战来临时，我们应该转变自己的心态，以积极乐观的姿态去面对，并主动采取新的措施去顺应变化后的世界。当我们"放下自我"，勇敢地迈向不安全的未知领域，才能有机会开拓一片崭新的天地！

美国加州大学有位刚刚毕业的年轻人，在一年的冬季大征兵中，他被选中后将到最艰苦最危险的海军陆战队去服役。年轻人自从获悉自己被海军陆战队选中的消息后，便开始忧心忡忡。在加州大学任教的祖父看到孙子一副坐立不安的样子，便开导他说："孩子啊，你没什么可担心的。到了海军陆战队你将有两个结果，一个是留在内勤部门，一个是分配到外勤部门。如果你分配到内勤部门，就完全用不着去担心受怕了。"

年轻人依然不安地问爷爷："那我要是被分到外勤部门呢？"爷爷说："那同样有两个结果，一个是留在美国本土，另一个是分配到国外的军事基地。如果分到美国本土，那又有什么好担心的呢？""那么，要是被分到国外的军事基地呢？"年轻人问。"那也有两个结果，一是分配到和平而友善的国家，一是分配到海湾地区。如果是分配到和平而友善的国家，那也是一件值得庆幸的事。""爷爷，要是我不幸被分配到海湾地区呢？"爷爷说："那你同样有两个结果，一是留在总部，一是被派到前线参加作战，如果留在总部，又有什么需要担心的呢？"

"那么，如果我要是不幸被派到前线作战呢?"年轻人又问。"那同样有两个结果，一是安全归来，一是不幸负伤。如果能够安全归来，所有的担心岂不是多余?"爷爷说。

年轻人问:"那要是不幸负伤了呢?"爷爷说:"那也是两种结果，一个是只负了点轻伤，并不会危及性命，一个身负重伤，会危及生命。如果只负了于生命无碍的轻伤，那又何必担心呢?"年轻人又问:"那要是负了重伤呢?"爷爷说:"那同样有两种结果，一个是依然能够保全生命，另一个是救治无效。如果尚能保住生命，你还担心干什么呢?"年轻人再问:"那要是完全救治无效怎么办?"爷爷听后，哈哈大笑:"那你人都死了，还有什么去担心的呢? 况且，最坏情况的概率十分小，你怎么知道等待你的不是上面那么多好机会中的一个呢?"

面对挑战，自信的人选择接受，而自卑的人则选择逃避。自信的人才能够充分地发挥自己的潜能，自卑的人却只在自我怀疑中浪费时间，消耗生命。

杰米是一家餐饮店的经理。他的口头禅是:"我快乐无比!"他热情洋溢的个性对员工有着非同一般的强大凝聚力和感召力。

有人问他为什么如此乐观，他说:"每天早上醒来我就对自己说，杰米，你今天有两种选择，你可以选择心情愉快，也可以选择心情糟糕，我选择前者。每次有坏事发生时，我可以选择成为一个受害者，也可以选择从中学有益的东西，我选择从中学些东西。"可是有一天，坏事发生了。杰米被三个持枪的强盗拦住了。强盗因为紧张，对杰米开了枪。幸运的是，杰米及时被人发现，送进了急诊室。医护人员看着奄奄一息的杰米，谁都没信心将他救活。他们虽然不停地安慰着他:"不用担心，你会好的，我们有办法，你一定会好的。"而事实上，谁都感到无能为力，束手无策。

一个护士为检验杰米是否还有知觉，大声问他是否对什么东西过敏。杰米艰难地吐出两个字:"有的。"这时，所有的医生、护士都眼睛一亮。他们知道，救活一个有知觉的人要容易得多。于是，那个护士又问他:"你对什么过敏?"杰米深深地吸了一口气，大声吼道:"子弹!"在一片大

笑声中，杰米又说："我选择活下去，请把我当活人来医，而不是死人。"

经过 18 个小时的紧急抢救，杰米活了下来。尽管他身上还残留着弹片，但他仍然和以前一样乐观。一位朋友来探视他，问他近况如何？他说："我快乐无比！你想不想看看我的伤疤？"

生活就如一座奇峰瑰丽的山，而我们就是那一个个登山者。沿途会有赏心悦目的景色令我们陶醉，但又不时地会有断崖、沟壑等一个接一个的障碍竖立在我们的面前。面对着这一道道坎，有的人选择了退缩，有的选择另辟捷径，但却有这样的一批勇者面对这些障碍毫不退缩，他们选择勇往直前，克服这一系列挑战，也许受伤，亦或遭受死亡的威胁，但依然固守着灵魂深处的信念，最终攀登上了属于他们自己的顶峰。

灵活改变想法，才能改变命运

改变的能量是无比巨大的。通常我们会认为方法和技巧是获取成功的重要因素。但是很多时候，让我们成功达到目标的，不是方法和技巧，而是良好的心态和思维。命运是可以改变的，它取决于你的想法。

袁了凡是明代一个有名的人物。年少时他曾在一个名叫慈云寺的寺庙里遇上了一位姓孔的老人。老人长须飘飘，仙风道骨，一副超凡脱俗的模样。经过一番交流之后，袁就把老者请到了自己家中。母亲说：好好接待孔先生，让他给你算一算命，看灵不灵。结果，孔先生算他以前的事情都丝毫不差。孔先生告诉他："你明年去考秀才，要经过好几回考试。先要经过县考，县考时，你考中第十四名；县上面有府，府考时，你考中第七十一名；府上面有省，省考时，你考中第九名。"第二年，他去参加考试，果然一点也没有错，就如孔先生算得那样。于是，他又让孔先生为他推算终身的命运。孔先生告诉他："你某年应考第几名，某年可以廪生补缺，某年可以当贡生。当贡生后，某年又会到四川一个大县当县令，三年半后，便回到家乡。在 53 岁这一年的八月十日丑时，你将寿终正寝，可惜终

身无子。"袁了凡将其所讲的一切都详细地记录下来，并且铭记在心。令人称奇的是，自第二年后每次考试的名次也都与孔先生所算十分吻合。从此以后，袁真的认为一个人一生的吉凶祸福、生老病死、贫富贵贱都是上天安排好了的，不能强求。命里没有的，怎么挣扎、怎么努力都得不到；命里有的，不用多想，也不用怎么努力，自然就会有。于是，他认命了，无求、无得、无失，一颗心犹如古井无波。一年，袁回到南方，去朝廷所办的大学——南京的国子监游学。入学之前，他到南京栖霞山拜访了著名的云谷禅师。他与云谷禅师堂里对坐，三天三夜都没合眼，依然精神饱满，让云谷禅师暗暗称奇。

于是，云谷禅师问道："凡夫俗子之所以不能成为圣人，是因为心中有杂念和妄想。你坐在这里三天三夜，我没有看到你有一个邪念。这是什么原因呢？"

袁说："因为我已经知道了自己的命运。20 年前，有一位姓孔的先生给我算定了，我一生的吉凶祸福、生老病死都是注定的，还有什么好想的呢？想也没有用，所以干脆就不想了。"云谷禅师笑了笑，说道："我还以为你是一位定力高深的圣人，原来也只是一个凡夫俗子。"

袁不解，向云谷禅师请教："此话怎讲？"

云谷禅师说："人的命运为什么会被注定呢？这是因为人有心、有思想。人如果没有了心、没有了思想，命运就会被注定。你三天三夜不合眼，我以为你抛开了妄想，没想到你仍有妄想，这妄想便是——你什么都认命了。"

袁问道："既然如此，那么按照你的说法，难道命运是可以被改变的吗？"云谷禅师说道："儒家经典《诗经》和《尚书》里都说过这样一句话——人定胜天，命由我作，福自己求。这真的是至理名言。任何人的命运都是由自己决定的，人的幸福也全看自己怎样去追求。佛家经典曾说：求富贵得富贵，求男女得男女，求长寿得长寿。妄语是佛家的根本大戒，佛难道还会妄语吗？难道还会欺骗你吗？"袁进一步向云谷禅师请教："孟子说：'有所求，然后才能有所得。'其意思的确是指求在自己。但是，孟

子的话是针对一个人的道德修养而言，人的道德修养无疑可以通过自身的培养而提升，而功名富贵是身外之物，难道通过内在的修身养性也可以获得吗？"云谷禅师说："孟子的话没有说错，是你自己理解错了。你只是理解对了一半。其实，除道德修养可以通过内心求得 之外，任何一切也都可以求得。你难道没有听过六祖说的这样一句话吗？'一切福田，不离方寸，从心而觅，皆无不通。'意思就是说，任何成功和幸福都离不开人的方寸之心，一切追求最终是否成功，都取决于人的想法。要追求一切，首先就必须从改变心灵开始。所以，孟子说的求在自己，不仅仅指道德修养。道德修养是内在修为，功名富贵是外在的，但这两者的获得都应该从内心开始，而不要舍弃内心，盲目地在外面去追求。从内心入手，内外的追求都可以得到。如果不反躬内省，只一味地追逐外界，那么，尽管你拼命努力，用尽了许多方法和手段，但这一切都是外在的短暂的，内心没有觉悟，你就永远只能像无头苍蝇一样四处碰壁。所以，一个人从外面去追求功名富贵，往往会内外两者都失掉。"

听完云谷禅师的话以后，他豁然开朗，犹如醍醐灌顶。

云谷禅师告诉他说："孔先生说你不能登科，没有儿子，这是根据你的天性而料定的，这是天作之孽，但是完全可以通过内心的努力去改变它。只要你改变自己的德性，改变自己的思想，多做善事，多积阴德，那么，你就能掌控自己的命运。《易经》是一部高深的著作，核心就是教人趋吉避凶。如果说人的命运是天注定的，又何须去趋吉避凶呢？"听完云谷禅师的话以后，他便改名叫了凡，意思是自己了解了安身立命之说，立志不走凡夫俗子之路，一定要改变自己的命运。他的想法开始发生了变化，心态也逐渐转变。以前，他放纵自己的个性，言行随随便便，得过且过。而现在，他时刻警觉，不断反省检点自己的行为，即使一个人独处的时候，也常常感觉有一种无形的力量在监视着自己；遇到有人憎恨诽谤他，他也能安然大度，内心相当平静；平日小心谨慎，不让自己的行为越雷池半步。

次年，礼部进行科举考试。孔先生算他该考第三名，他却考了第一

名，孔先生的卦开始不灵验了。秋天的大考，他又考中了举人。孔先生算他命里不会中举，而他居然考中了。

从此以后，袁了凡便对命运变通之理深信不疑，时时刻刻检点反省自己的行为，是否积善行德不勇敢？是否救人的时候常怀疑虑？是否自己的言论还有过失？是否清醒时能做到而醉后又放纵了自己？之后，袁了凡还有了儿子，取名天启；不仅考中举人，而且还考取了进士；孔先生说他命里本应去四川当知县，他后来却在天津宝坻当了知县，最后官至尚宝司少卿；孔先生算他寿命只有53岁，可他却一直活到74岁。

只要你改变想法，就会出现意想不到的奇迹，只要你改变想法，开始走一条新路，命运之说也会被颠覆。命运是与想法相辅相成的，有什么样的想法，就会有什么做法，不同的做法就会造成不同的结果，选择不一样自然也会有不同的命运。你的想法决定了你的行为和人生，决定了你是否能成为一个成功的人。改变想法，才能改变你的命运。

保持积极态度，克服人生障碍

生命的高度取决于思想的高度，思想有多高，路就能走多远，而积极的人生态度又是奠定思想高度的基础，没有向上的态度，人生就是风中落叶，水中浮萍。

杨正辉的《态度决定高度》中提到微软现任总裁兼首席执行官史蒂夫·鲍尔默时说，在过去的25年里，史蒂夫·鲍尔默积极地给比尔·盖茨打工，最后成为身价百亿美元的打工者。他在清华大学发表演讲时曾说："大家从今天能够做的事情入手，也许你们就可以在明年、后年或大后年让梦想变成现实。"

史蒂夫·鲍尔默用他成功的经历和积极的人生态度告诉我们，一个人如果把注意力放在积极的方面，对他事业的发展就会产生加速的效应，从而形成一种高度，一种事业的高度、人生的高度。

一个人要想有所成就，有一番作为，亦或是不那么碌碌无为，就应该拥有积极的人生态度。而要想拥有积极的人生态度，首先得学会自我调整，改变自己，全方位思考。很多人常常不愿意反省自己身上的缺点，而是习惯地抱怨其他客观原因。这是我们容易忽视的一个问题。其实，与其抱怨他人、对事情太过挑剔，倒不如用行动去改变自己的心胸，学会自我调整，学会原谅，学会宽容。一个真正想要获得成功的人，需要高姿态的思维、高境界的胸怀，只有不断地改变自己，超越自己原本的思维格局，才能从繁琐的事务中理清思路，正确拿捏自己想要的成功。

　　其次要准确进行自我定位，脚踏实地。中央电视台曾经播放过一个公益广告，"心有多大，你的舞台就有多大！"所以说，要想谋事，就必须给自己一个定位、一个清晰的目标，自己究竟想要什么、要怎么去做，心里必须明白。只要我们定位好自己的目标，脚踏实地地坚持下去，就会离目标越来越近。一个人如果有想做成一件事的强烈愿望并脚踏实地地为之付出，那么，他所爆发出来的能量往往是无法估量的，成功也将越走越近。

　　另外要自我挑战，厚积薄发。要干成事，谈何容易，因为困难无时不有、挫折无处不在。因此，我们需要明白，心志的成长绝非一日之功，冰冻三尺也绝非一日之寒，成功需要我们经历点点滴滴的体验、不断地积累和不断地挑战。"不经历风雨怎能见彩虹，没有谁能随随便便成功……"当我们看到一些人成功的时候，是因为他们已经经历并战胜了很多常人无法面对的困难，最后坚实地站在了土地上。很多人认为简单的事不能体现自身的价值和提升自身的才能，因而对于身边的一些小事、杂事不屑一顾。其实，只要我们用心体会，即使是做一些所谓的小事、杂事，一样能学到新的东西、积累一些好的经验。有句话是这样说的：什么是不简单？不简单就是把所有简单的事情都做到最好，那就是不简单。要知道，一滴水虽然渺小，但一样能够折射出太阳的光辉。我们要做的就是那一滴一滴的水，不断地积累，不断地汇聚，最后定能厚积薄发，赢得未来。

　　坚定积极的人生态度能征服生命中最大的障碍。所以，无论人们置身于何种处境，尤其是艰难的环境，都要勇敢地对自己说："你的潜力是无

限的，你一定能成功。"

"眼睛所看着的地方，就是你能到达的地方。"是的，一个人能走多远，取决于他能想多远；而一个人的成功，则取决于他积极的人生态度。

有一位老人已经70多岁了，她在回顾自己的人生时，说自己最大的遗憾，就是没有登上日本的富士山，观赏烂漫的樱花，这种人生之憾折磨着老人，很快，她对自己说："反正也是快入土的人了，倒不如去尝试一下，说不准还能如愿呢。"

于是，老人便在70岁时开始学习登山技术。她周围的人对此无不加以劝阻，认为这无非是一个没有实现的梦想罢了，也没有必要再去坚持。老太太不以为然，她不顾任何人的劝阻，毅然进行着艰苦的登山训练。随着训练的进行，老太太登富士山的愿望愈加坚定，逐渐成为她心中最为神圣的梦想。她不辞辛苦地进行训练，对富士山发起一次次地冲锋，但很多次都以失败而告终。老人依然毫不畏缩，因为任何困难都已吓不住她了。终于，在95岁高龄之时，老人登上了富士山，打破了攀登者年龄的最高记录。那一刻她对着富士山说："我来了!"这位老人叫胡达·克鲁斯。大多数人都自以为能力有限，做不成什么大事。然而，我们所谓的"以为"根本不是真正的情况，而只是对一种不正确的、自我局限的成见信以为真。而自我限制的成见，是我们获取杰出成就的最大障碍。让你的理想高于你的才干，你的今天才有可能超过昨天，你的明天才会超过今天。

1994年4月的一天，在一场橄榄球比赛中，年仅18岁的佩里在做一个高难度的防守动作时，不幸地摔倒在地，脖子被折断。

佩里的幸存是现代医学的奇迹之一。伤后三个月他不能进食，六个月之后才开始能够讲话。在家人一如既往的支持下，他跟医生进行了持久地谈判，医生最终允许他出院，回到在黄金海岸的家中去休养。

他创下了一项时间纪录——很多四肢瘫痪的病人永远都没有离开医院，即使出院，也是在18个月这个里程碑之后。而他从脖子被折断到出院历时仅八个月!

20岁时，佩里报名参加了一个演讲训练班，他想让演讲代替体育成为

他新的职业。起初，老师对佩里持怀疑态度。但随着谈话的继续，老师的疑虑很快就被融化了。是的，他很清楚课堂上的其他学员可能会觉得他的举动很难接受，甚至第一次见面还会吓着他们。然而，佩里相信他能完全地投入课程学习，并在六周的学期内完成每周一次的作业。

第一天开课，佩里坐在他那架电动轮椅里"走"进了讨论室。他讲起话来如行云流水一样顺畅自然，大家都被他身上没有丝毫的自怜痕迹和表现出的巨大能量所震撼。六个星期的课程很快就结束了，每个人都对这位不可思议的年轻人产生了仰慕、尊重和关心之情。

佩里的新职业开始仅仅六个月后，便与战无不胜的鼓动家劳丽·劳伦斯、体育冠军盖伊·安德鲁斯和里恩·科贝特同台进行演讲。每当佩里的关于征服生命中的障碍以及价值关系的鼓舞人心的演讲结束时，听众都报以持久的热烈掌声。

佩里创造了奇迹，成为澳大利亚第一位四肢瘫痪的职业演说家。

"百分之九十的失败者不是被打败的，而是自己放弃了成功的希望。"在工作和生活中，我们常常被许多问题困扰，但解决这些问题的钥匙其实就握在我们自己手里。这把钥匙，就是我们的心态。欢喜与烦恼，成功与失败，仅在一念之间。转念间改变你的一生，就从现在开始！

潜在能力无价，人人都有宝藏

在生活中，人们常常会舍近求远，四处去寻找梦寐以求的宝藏。而往往宝藏不在远方，就在自己的身边，在人们的心里。人们往往看不到自己心中的宝藏，无法认识到真正的"自我"，所以总是将眼前最好的东西轻易放弃，而最终的结果是什么也得不到。

一个年轻人非常苦恼，于是就去请教老师，"老师，我觉得自己什么事也做不好，大家都说我没用，又蠢又笨。我真的是这样吗？该怎么办呢？"

老师什么也没说，而是把一枚戒指从手指上摘下来，交给年轻人，说："请你骑着马到集市去，先帮我卖掉这枚戒指，然后我才能帮你。记住要卖一个好价钱，最低不能少于一个金币。"

年轻人拿着戒指就离开了。

一到集市，他就拿出戒指给赶集的人看。人们围上来观看，而当年轻人说出了戒指的价格后，有人嘲笑他，有人说他疯了，有人想用一个银币和一些不值钱的铜器来换这枚戒指，但年轻人记着老师的叮嘱，全都拒绝了。年轻人骑着马郁郁而归。他沮丧地对老师说："对不起，我没有换到您要的一个金币。只能换到两个或三个银币。"

老师微笑着说，"年轻人，首先，我们应该知道这枚戒指的真正价值。你再骑马到珠宝商那里去，告诉他我想卖这枚戒指，问问他能给多少钱。但是，不管他说什么，你都不要卖，带着戒指回来。"年轻人来到珠宝商那里，珠宝商在灯光下用放大镜仔细检验戒指的含量，说："年轻人，告诉你的老师，如果他现在就想卖，我给他58个金币。""58个金币？"他惊呆了，简直不敢相信自己的耳朵。"是啊，我知道，要是再等等，也许可以卖到70个金币。但是，我不知道，你的老师是不是急着要卖……"珠宝商说。

年轻人激动地跑到老师家，把珠宝商的话告诉老师。老师听后，说："孩子，你就像这枚戒指，是一件价值连城、举世无双的珠宝。但是，只有真正的伯乐才能发现你的价值。"

是金子总会发光，在人生这个大市场里，要珍视自我，一定能找到自己的价值所在。因为我们每个人都是无价的宝石。

印度流传着一位生活殷实富足的农夫阿利·哈费特的故事。

一天，一位老者拜访阿利·哈费特，他说道："倘若您能得到拇指大的钻石，就能买下附近全部的土地；倘若能得到钻石矿，还能够让自己的儿子坐上王位。"

从此，他对什么都不感到满足了。钻石的价值深深地印在了阿利·哈费特的心里。

那天晚上，他彻夜未眠。第二天一早，他便叫起那位老者，请教他在哪里能够找到钻石。老者想打消他那些念头，但无奈阿利·哈费特听不进去，执迷不悟，仍纠缠不休，最后他只好告诉他。"您到很高很高的山里寻找淌着白沙的河。倘若能够找到，白沙深处一定埋着钻石。"

于是，阿利·哈费特变卖了自己所有的地产，让家人寄宿在街坊家里，自己出去寻找钻石。可是，上天似乎跟他开了一个很大的玩笑。

一天，阿利·哈费特的房子的新主人，把骆驼赶进后院，想让骆驼喝水。后院里有条小河，骆驼把鼻子凑到河里时，他发现里面有块发着奇光的东西。他立即挖出来，原来只是一块闪闪发光的鹅卵石，于是他把它带回家，放在了桌子上。

隔了一段时间，那位老者再次拜访时，进门就发现桌上那块闪着光的石头，不由得奔跑上前。

"这是钻石！"他惊奇地喊道，"阿利·哈费特回来了？"

"没有！阿利·哈费特还没有回来。这块石头是在后院小河里发现的。"新主人答道。

"不！您在骗我。"老者不相信，"我走进这房间，就知道这是块钻石。虽然我有些老了，但我还是认得出这是块真正的钻石！"

于是，两人立即跑出房间，到那条小河边挖掘起来，接着便露出了比第一块更有光泽的石头，随后，他们在小河的附近又发现了一些天然的钻石。后经勘测发现，小河周围的地下蕴藏着一个巨大的钻石矿。而那位去远方寻找宝藏的阿利·哈费特却一去不返。再也没人知道他的去向。

毋庸置疑，潜能是人类最大却又开发得最少的宝藏！潜能犹如一座有待开发的金矿，价值无限，但是，由于没有良好的信念与训练，绝大部分人都只能像最贫穷的富翁一样，守着潜能的宝库，却不知如何运用。

那么，如何才能充分利用好自己的"宝藏"呢？

人的潜能很多时候都是"逼"出来的，很多人在紧急情况下都"逼"出了超常的潜能。有一位体弱多病的妇女，家住二楼。一天她不慎将腰部扭伤，疼痛难忍，只好卧床休息。黄昏的时候，她突然听到有人在大声喊叫：

"失火了，快救火！"很快她也闻到了呛鼻的烟味，原来是隔壁的邻居家失火了。她感到异常紧张，不知从哪里来的力量，她居然一下子就起身下床，迅速冲向一个装着家里十分贵重的东西的大木箱子，并将大木箱抱起，快步跑到了楼下的马路上。所幸的是，由于救火及时，大约十分钟火就被扑灭了。当一切平静下来后，这位体弱多病并且腰部受伤的妇女，看着眼前又大又沉的箱子，怎么也不敢相信竟然是自己亲手将它从楼上抱下来的。

据一项测试所得：如果一个人能够发挥出自己大脑功能的一大半能量，那么就可以轻易地学会四十种语言，背诵整本百科全书，拿十二个博士学位！这种描述虽然不够精确，但是合情合理，一点也不夸张。

可是，事实是，几乎每个普通人都只开发了他所蕴藏能力的十分之一，与应当取得的成就相比较，我们不过是半醒状态，我们只利用了自己身心资源很小很小的一部分，这是美国心理学家詹姆斯的研究成果。

据史书记载，汉代有名的"飞将军"李广是一个骑射高手。有一天他外出打猎，突然看见草丛里有一只老虎正向他走来。危急关头，他本能地放了一箭。待他近看时才发现，"老虎"原来只是块大石头，奇怪的是箭竟然深深地陷入了石块之中。随后他又尽力对着石头射了几箭，可箭都是碰石而落。

现如今的高考，竞争激烈，当外在的压力太大，自己不能承受时，压力就会成为一种阻碍；但如果能主动地进行自我加压，压力就会转化为动力，就会加速自己的胜利。逼自己提升时，注意力就会专注；逼自己向前时，就会有眼下的目标；逼自己超越时，就会马上应对；不应对、不突破，就会陷入困境，于是潜能在自我"逼迫"之下因紧急集聚而爆发。自我加压时，一方面要勇于接受挑战，正视困难；另一方面要自我激励，不断修改目标、严格管理自己。

一个人一生的潜能有多大呢？美国科学家公布了一个惊人的数据。他们发现把一个人一生的能量全部收集起来，用电能折算，相当于可以照亮北美大陆一个星期的电能，价值数百亿美金！每个人的一生都蕴藏着无限的潜能没有释放，这真是一种大众式的悲哀！

Chapter 3
这辈子，要利用苦难变得坚毅

海燕在暴风雨中振翅飞翔，凤凰涅磐浴火重生，彩虹总在狂风暴雨后绚烂，苦难的经历总是让人不堪回首，但经历苦难磨炼过的事物却能够得到升华，光彩耀人。

苦难折磨的人生，似磨刀之石；多一份苦难，便多一份坚毅。大海拥有坚毅，在默默的流淌中，实现自己浩瀚的快乐；花朵拥有坚毅，在无言的摇曳中成就自己绽放的快乐；珠蚌拥有坚毅，在痛苦的煎熬中成就自己孕育的快乐。快乐便是向人生奏响不屈的乐章，坚毅是其中最明快响亮的音符。我们执坚毅之手，才能与快乐同行。

苦难，是一把锋利的慧剑，能断妄想的葛藤；苦难，是点石成金的手指，能化腐朽为神奇。此时，坚毅是抵御苦难的盾，是战胜挫折的枪，是驱散阴霾的艳阳，坚毅会使你拥有"山重水复疑无路，柳暗花明又一村"的快乐；也会使你实现"不管风吹浪打，胜似闲庭信步"的快乐；有苦有乐的人生是充实的，有成有败的人生是合理的，有得有失的人生是公平的，有生有死的人生是自然的。

勇敢面对苦难，开创精彩人生

人的一生，不可能都是一帆风顺，相反地，与充满苦难相比，一帆风顺的人生几乎不存在。人生就是不断接受苦难，挑战自我，从而实现人生价值的过程。

许多人遇到挫折时，往往会沉浸在痛苦中迷失自我，自怨自艾，信心瓦解，这样的人，做事缺乏动力，生活单调乏味；相反，有些人则不断发挥自己的优点，一点点把它呈现出来，就像宝石一般，经过不断地切割打磨后，让它显现出璀璨耀眼的光彩。

人成长中总会遇到很多挫折，总会有很多低潮，比如生存的苦难、感情的受挫、创业的波折、健康的问题、意外事故的降临等等。这么多的挫折，我们要如何应对呢？是像鸵鸟一样选择逃避还是像海燕一样勇敢面对？

这些时候恰恰是人生最关键的时候，因为大家都会碰到挫折，而大多数人过不了这个门槛，谁能过，谁就是成功者。在这样的时刻，我们需要满怀信心地战胜挫折，始终要相信，生活不会放弃你，机会总会来的。

在逆境中，心中不灭的信念和勇气是人们经受住种种苦难考验的强大支撑力。生活中如此，对事业的追求也是如此。成功者与失败者的最大区别是：如何对待挫折。莫奈坚持自己的信念，面对逆境，不畏困难和悲伤，矢志不渝地坚持自己理想，这精神是我们应该学习的。

在人生的道路上，每一个苦难背后都隐藏着发展的机遇，只要我们不畏挫折，笑对生活，就已经成功了一半。美国康乃尔大学曾做过一个青蛙的实验：

实验研究人员做了十分完善的精心策划与安排，他们把一只青蛙，冷不防地丢进煮沸的油锅里，这只青蛙反应灵敏，在千钧一发、生死关头之际，说时迟、那时快，用尽全身的力气，跃出那个会使他葬身的油锅，安

然逃生。

隔了半小时，他们用同样大小的铁锅，这一回在锅子里面放满五分之四的冷水，然后，再把刚刚那只死里逃生的青蛙放到锅里，这只青蛙在水里不断泅泳，接着，实验人员不断在锅底加热。而这只青蛙仍然在水中悠游并享受着温暖的滋味，等到意识到锅中的水温已经让它受不了的时候，它已欲跃乏力，全身瘫痪，只能坐以待毙，终致葬身锅底。

这个青蛙实验告诉我们一个残酷的事实，当一个人对周遭环境没有任何警觉时，很容易被一个小小的危机打倒。我们若换另一个角度来看，当生活中面临着许多的重担和挫折时，反而能激起人的潜能，找到一条活路。可是，当你生活顺遂、志得意满、功成名就之时，结果反而阴沟里翻船，终致一败涂地。担任新闻主播的叶树姗，曾对媒体有感而发的说，人生若是顺顺利利，就乏善可陈、味如嚼蜡，只有经历挫折，生命才会成长。

她用感恩的心来抚平伤口，她说，三十五岁以前，她拿过三个金钟奖，有入围就得奖，顺顺利利的，但让她真正成长的是三十五岁那年，因老公的官司而被拖累，她才认真地了地解到世事无常，以前碰到不顺利时，都会认为是倒霉，如今才深刻了解，这才是人生的必然，有起有伏的人生才精彩。

大文学家韩愈及欧阳修都曾提出"文穷而后工"的文学理念，意思是说，人在穷困之时，反而能将文章写得非常的好，因为在困顿中所激发的潜力是非常惊人的，在不如意的环境中，反而能够有一番作为。

俄国作家陀思妥耶夫斯基宿疾缠身，这对他个人来说，是一桩不幸的事情，换个角度来看，假如他是个身心完全健康的人，不一定能写出这么伟大的小说来，也许这是他个人所遭受的困厄，却也造就了一个不凡的作家来。

一个人最需要勇气、忍耐与坚毅的时刻，就在他所处的环境十分不顺利的时候，有很多人就是不能忍受一时的挫折，而与成功无缘。

若能在别人放弃时，自己还是坚持；他人后退，自己还是向前，就能

成功。

当我们面对人生的坎坷、困窘时，其实也不必太早感伤，也许有一天，你会认为这是值得感谢的一件事。因为人的潜能和本领往往要在挫折中才能成长，过于顺遂的人生，反而失去了应有的斗志，又往往是堕落的根源。

困境总会过去，永远着眼未来

这是一个发生在日本的真实故事。

有人为装修屋子拆开了墙壁。日本式住宅的墙壁是中间加木板，两边是泥土，里面是空的。

他拆墙壁的时候，发现一支壁虎困在墙壁中间。一根从外面钉进去的钉子钉住了那只壁虎。那主人觉得又可怜又好奇，仔细看那根钉子，他很惊讶，因为那钉子是 10 年前盖这栋房子的时候就钉的。到底怎么回事？那只壁虎困在墙壁里居然能整整活了 10 年！黑暗的墙壁里 10 年，真是奇迹！

尾巴被钉住了，一步也走不动的壁虎到底靠什么坚持活了 10 年呢？

那主人暂时停止了工程。过了不久，不知从哪里又爬来一只壁虎，嘴里含着食物……这是多么深厚的感情！是无比高尚的感情！为了被钉住不能走动的壁虎，另一只壁虎在这 10 年的岁月里一直都悉心喂养它。

听到这件事，每个人都会被那爱的力量所深深地感动！……

生命是一种爱，除了这样的解释，我再也找不出用来说服自己的答案。

罗伯特与妻子玛丽终于攀到了山顶，站在最高峰眺望。两人高兴地手舞足蹈。对于终日劳碌的他们，这是一次难得的旅行。突然罗伯特一脚踩空，高大的身躯打了一个趔趄，随即向万丈深渊滑去……短短地一瞬，玛丽明白了要发生什么，当时她正蹲在地上拍摄远处的风景，下意识地，她一口咬住了丈夫的上衣，同时，她也被惯性带到岩边，仓促之中，她紧紧

的抱住了一棵树。

罗伯特悬在空中，玛丽紧咬牙关，她的牙齿承受着一个高大魁梧身躯的全部重量。

玛丽不能张口呼吸，一小时过后，过往的游客救了他们。这时的玛丽，美丽的牙齿和嘴唇早已被鲜血染得通红。

有人问玛丽靠什么挺这么长时间，她回答说："我一松口，他必死无疑。"

死神也怕咬紧牙关！

每当我听到这样的故事，总会在心中自问"在生命中有什么样的力量能比爱更伟大。"

在施瓦辛格主演的《魔鬼终结者2》中有这样一个场景：施瓦辛格扮演的冷酷的机器人终结者问小孩："你们人类为什么要哭?"小孩一时答不上来。直到影片最后，一直保护着小孩的终结者为销毁储存在脑中的芯片，不得不将自己融化在钢水中时，小男孩留下了难过的泪水。这时终结者方才明白，他说出了他的最后一句话："我已经明白了，你们为什么要哭!"随后，毅然地滑入沸腾的钢水之中……

人类为什么会哭？因为他们有生命，因为他们懂得爱，懂得爱是必死与不朽的交汇点。

终结者认识到这点，他认为这是他赢得的最好的一场胜利，可以无憾地离去了。

人最需要的是爱的承担和分享。

哲学家叔本华说："人生好比刺绣，要看正面，也要看背面。"当失意时，千万不要只看到负面的，有时候失败与挫折只是一种人生的试验，唯有通过这一层层的试验，你才能看见成功的果实。

凡事皆有正反面，正面代表着亮丽和光明，反面代表着丑陋与黑暗，就好象祸福相倚的道理是一样的，当你用正面看的时候，也要学会反着看，从多个角度来看人生，你才不会有一隅之见的遗憾。

勇于挑战逆境，磨练坚强意志

古人有云："天将降大任于斯人也，必先苦其心志，劳其筋骨，饿其体肤，空乏其身，行拂乱其所为，所以动心忍性，……"人生的逆境是一种难得的砺练，只有面对挫折时，还能够微笑以对，在困境中学会了感谢，才能够挣脱人生的困境，走向光明未来。

挫折往往是美好的开端。早年的逆境通常是一种幸运，并非每一次不幸都是灾难，有人在挫折中成长，也有人在逆境中跌倒，差别就在于如何面对挫折。站起来的便能成就更好的自己。不曾经历过挫折的人生，不算完美的人生，挫折就是人生的原色，我们的成长是由无数挫折组成的。面对挫折和逆境，一定要调整好自己的心态，把它看成是一种砺练，勇敢的面对。挫折是一个人的炼金石，但人不是铁打的，难免有失落的时候，承受不住的时候。那怎么办呢？也许敞开心扉找人倾诉或一个人大哭一场，将所有的难过和悲伤都宣泄出来，把难过和悲伤一脚踢到九霄云外，就是最好减轻压力的药，痛苦过后继续挺起身和生活打仗。当你选择看待事物的阴暗面时，你就看不见光明的一面。当你选择悲观时，就很难再乐观起来。所以说，不管怎样也要保持积极乐观的态度，不管遇到什么困难，什么窘境，都要笑着面对，只有这样才能想到好办法解决它。在生活中如果你没有被困难挫折等等的一切不如意所征服，而是乐观的态度接受它，那么你就极有可能把逆境反转为顺境。始终都要相信自己是好样的。

顺境使我们的精力闲散慵懒，使我们感觉不到自己的力量，很容易变得随波逐流，但是障碍却唤醒内心深处的力量，让人变得强大无畏。善待逆境，阳光总在风雨后。

逆境是人生的试金石。面对逆境，是强者的，就会战胜它，取得成功；是弱者的，就只有面临失败的结果了。向逆境干杯，跟苦难致敬，英雄往往就是诞生在这样的时刻，这也是你重新认识自己的关键。

梁启超曾说："患难困苦，是磨练人格之最高学校。"只有在患难困苦面前始终坚守内心中执着的声音，我们才会有良好的人格和不寻常的作为。

逆境虽然是人生中的障碍和阻力，但是，它只是增大了我们向理想、目标前进的难度，并没有剥夺我们为理想和目标奋斗的权利以及实现理想目标的可能性。逆境可以磨练意志、陶冶品格，充实人们的人生。因此，逆境既能打击一个人甚至毁灭一个人，也能成就一个人。逆境使强者获得新生，使弱者走向沉沦。

真正有价值的人，是在逆境中含笑的人。在逆境中总结经验，积极创造条件，就会改变自己的处境，由逆境变为顺境，必将收获成功，并在这个过程中磨练自己的意志，提高自己的认识世界和改造世界的水平。巴尔扎克指出："世界上的事永远不是绝对的，结果完全因人而异。苦难对于天才是一块垫脚石，对能干的人是一笔财富，对弱者是一个万丈深渊。"

"自古英雄多磨难。"纵观古今，但凡取得重大成就的人都曾历经百般风雨，遭遇百般挫折，最终凭借顽强的毅力和对理想的坚定信念，战胜困难，取得成功。正因为生命有了困境和磨难，才让生命更加茁壮与饱满。

处于逆境，受到挫折不可怕，可怕的是我们在逆境中一蹶不振。

吴敬梓写出了著名的《儒林外史》。他的一生却也是饱经磨难，但他却是一个不服输，努力奋斗的人。他从 37 岁开始写这部书，依靠典当衣服、卖文和友人的周济勉强维持生活。冬天天气寒冷，家中没有火取暖，夜间写书寒冷，他就邀朋友乘月光绕城跑步，以此取暖。他就是在这样艰苦的环境下，3 年的时间里完成了 33 万字的巨著《儒林外史》。面对逆境，吴敬梓毫不退缩，越挫越勇，这种精神是值得我们学习的。

拿破仑曾说过："人生之光荣，不在于永不失败，而在于屡仆屡起。"也就是说，我们如果面对的是逆境，我们也要去战胜它，倘若失败了，也要重新振作起来，经受住不断受挫的磨难，继续努力奋斗。

困境最能激发一个人的潜能。尼克松小时候家里的生活比较窘迫，为了生计，尼克松的父亲开了一家小小的汽车加油站兼食品杂货店。当时年

仅10岁的尼克松每天必须到店里帮忙干活，长大一点之后，他便独自承担起采购水果和蔬菜的任务。这个工作是非常辛苦的，他必须每天凌晨4点起床，以便5点之前把马车赶到菜市场。当他把采购好的货物运回后，还必须争分夺秒将其洗净、归整，送上货架陈列好，到8点赶到学校去上课。下午放学之后，他第一个任务不是回家完成功课，而是要去店里干几个小时的活。因此，他几乎每天都是到了深夜才能做完功课，完成功课，睡不了多久，又要去采购了。当年的加利福尼亚对不畏艰苦的人来说，似乎是一个有无限机会的地方，少年时的尼克松就是在这里受到了磨练。进入中学后为了锻炼自己的竞争能力和减轻生活压在自己工作和学习上的重负，他与足球结下了不解之缘。由于他具有坚强的意志和良好的自我管束能力，尽管学习环境艰苦，但他的学习成绩却一直很好。尼克松面对那么大的压力始终没有放弃，面对逆境，他勇敢地迎了上去，最终成就了自己，成就了未来。

伏尔泰曾说："人生布满了荆棘，我们知道的唯一方法就是从那些荆棘上迅速踏过。"唯有勇敢疾速渡过生命低潮，才能趁势而起。

苦难铸就成功，学会感激苦难

人生到底是失意，或者得意，完全取决于个人如何对待人生，倘若在遭受打击时，仍能体会到生命的美好之处，当你细细品味痛苦的滋味，慢慢咀嚼失意怅惘之时，你就永远都不会忘记这种"刻苦铭心"的感受。

此时若能化挫折为动力，化困境为动能，那些打击你的人，就是上天给你最好的礼物，也是上天给你最好的成全。

因此，我们都应该学会感谢那些曾经让我们经受磨难的朋友，因为，成功是来自贵人的提携，也来自小人的激励，若没有重重跌倒过，就不会想要风风光光再站起来。

南非总统曼德拉因为领导反对白人种族隔离政策，被白人统治者关在

荒凉的大西洋罗本岛上达数年之久。可就在他1991年出狱当选总统后的就职典礼上，他却邀请了3名罗本岛的看守，并且站起身恭敬地向这3名曾关押过他的看守致敬。这个举动震惊了整个世界，在场的所有嘉宾肃然起敬。

后来，曼德拉向朋友们解释说，自己年轻时性子急，脾气暴躁，正是在狱中学会了控制情绪才活了下来。他的牢狱岁月给他力量与激励，使他学会了如何正确对待自己遭遇的苦难。他说，感恩与宽容经常是源自痛苦与磨难的，必须以极大的毅力来锻炼。

为什么人们总是被烦恼包围，总是充满痛苦，总是怨天尤人，总是有那么多的不满和不如意，是不是因为我们缺少曼德拉式的宽容和感恩呢？当我们的思绪身陷囹圄的时候，是否应该想想曼德拉获释出狱当天的心情："当我走出囚室、迈过通往自由的监狱大门时，我已经清楚，自己若不能把悲痛与怨恨留在身后，那么我其实仍在狱中"。

是否我们把自己的心灵囚禁在牢狱里，而选择了怨恨，放弃了让自己生活得更好的可能？得失之间，只须一点小小的改变。

我们只是凡人，可能无法做到像孔圣那样去爱那些伤害、侮辱过我们的人，可是为了我们自己生活得健康和快乐，选择原谅和遗忘才是明智之举。把怨恨从心里驱走，才有更大的空间来承载爱和感激。

台湾有句俗谚："有量才有福"，意思是说，有度量的人才是真正有福之人。

"二战"期间，一支部队在森林中与敌军相遇，激战后有两名战士与部队失去了联系。这两名战士来自同一个小镇。

两人在森林中艰难跋涉，互相鼓励、互相安慰。十多天过去了，仍无法与部队取得联系，而且食物也越来越少了。一天，他们打死了一只鹿，依靠鹿肉又艰难地度过了几天。也许是战争使动物四散奔逃或被杀光，以后他们再也没看到过任何动物。他们仅剩下的一点鹿肉，背在那个年轻战士的身上，这是他们最后的希望了。这一天，他们在森林中又一次与敌人相遇，经过再一次激战，他们巧妙地避开了敌人。就在自以为已经安全

时，只听一声枪响，走在前面的年轻战士肩膀中了一枪！后面的士兵惶恐地跑了过来，他被吓得语无伦次，抱着战友的身体泪流不止，手忙脚乱地把自己的衬衣撕下包扎战友的伤口。

晚上，未受伤的士兵守护着受伤的战友，他一直念叨着母亲的名字，两眼直直的。他们都以为熬不过这一关了。尽管饥饿难忍，可他们谁也没动身边的鹿肉。天知道他们是怎么过的那一夜。第二天，部队救出了他们。

事隔30年后，那位受伤的战士说："其实我知道谁开的那一枪，他就是我的战友。

当时在他抱住我时，我碰到他发热的枪管。我怎么也不明白，他为什么要朝我开枪。但当晚我就原谅了他。也许他想独吞我身上的鹿肉，我也知道他想为了他的母亲而活下来。此后30年，我假装根本不知道此事，也从不提及。战争太残酷了，他母亲最终还是没有等到他回来。退伍后，我和他一起祭奠了老人家，那一天，他跪下来，请求我原谅他，我没让他说下去。我们又做了几十年的朋友。"

我们可以试想一下，如果受伤的战士始终记恨他的战友，那结果会怎么样，他能得到什么？报复？仇恨？这些对他的生活全无益处，反而会使他失去一个朋友和一个平静的心灵。

每个人都会犯错，也都可能会伤害到身边的人。别说是生死大事，就算是谁踩了谁一脚、谁说了几句不中听的话，可能都会有人记恨一辈子。怨恨就像毒蛇，可是它咬噬的不是你的仇敌，而是你自己。

民国初年，军阀割据时代，一位高僧受某军阀邀请赴素宴。席间，发现在满桌精致的素肴中，竟在一盘菜里有一块猪肉。高僧的徒弟故意用筷子把肉翻出来，高僧却立刻用菜把肉遮盖起来。一会儿，徒弟又把猪肉翻出来，想让军阀看到，高僧再度把肉遮盖起来，在徒弟的耳边说："如果你再把肉翻出来，我就把它吃掉！"徒弟听到后，就再也不敢把肉翻出来。

宴散后，高僧辞别了军阀。归寺途中，徒弟不解地问："师傅，那厨子明明知道我们不吃荤，为什么把猪肉放在素菜中？这不是存心坏我们的

修行吗？应该让统帅知道，处罚他一下。"

高僧说："每个人都会犯错，无论是'有心'或'无心'。如果刚才统帅看见了猪肉，盛怒之下严惩厨师，这不是我所愿见的，要知道，因为这一块肉，厨师可能会搭上一条命啊！所以我宁愿把肉吃下去。"徒弟点着头，深深体悟着这个道理。

我们所收获的，就是我们所栽种的。种下仇恨，收获的就是灾难、痛苦；种下宽容，收获的则是感激、快乐，与其憎恨敌人，不如原谅他们，并感谢上天没有让我们经历跟他们一样的人生。面对生活给予我们的苦难，不如选择坦然面对，并感谢上天没有给我们更糟糕的生活。

只要我们以感激之心对待一切，苦难也就变得无足轻重了。不要把时间浪费在愤怒、仇恨、责难、攻击和埋怨中，更好地来改进我们的生活吧。

有一个没有双手的女孩儿，以自己的顽强考入了大学，当别人问起她的求学经历的时候，她眼含泪水说："我永远都感激我的小学老师，是他为我打开了知识的大门。"

那是一个冬天，非常冷，女孩子因为身体的残疾不能进入学校读书，可是她是那么渴望上学，于是就顶着寒风趴在教室外的墙上听老师讲课。教师提了一个问题，班里的学生都答不上来。已经听得入迷的女孩子忘了自己是在"偷听"，就把答案喊了出来。

老师听到教室外传来的声音，感到很惊讶，就推开门出来看。女孩子吓坏了，她以为这下子一定会被老师批评。让她没想到的是老师把她领进了教室，并对学生们说："以后让她和你们一块儿上课，大家不要将此告诉学校。"就这样，她上完了小学，并且取得了全县第一的考试成绩。

可是，没有一个中学愿意录取她，因为她没有双手。辍学在家的女孩除了做些简单的家务，依然坚持自学了中学的课程。她会用脚切土豆丝、蒸包子、包饺子，还会用脚画画、写毛笔字。她的字端正大方，根本看不出来是用脚写成的。

后来，女孩子被一所大学破格录取。军训时她叠被子的情景让领导吃

惊，那是最标准的"豆腐块儿"，领导要把她叠被子的录像放给那些入伍的新兵看，让他们看看有人用脚比他们用手做得更好。

女孩子的双手是因为母亲离家出走而失去的，有人问她恨不恨她不负责任的母亲。女孩子马上摇头说："不，我从来都不恨她，我很爱她。我一直觉得对不起她。她是因为精神有问题才会经常离家出走的。"一次，她的母亲又一次出走后，再也没有回来。后来，在河里找到了母亲的尸体。一想起来，女孩子就泪流满面，说："是我没有照顾好母亲。"

没有双手，没有母亲，没有一个温馨的生活环境，可是女孩子从不怨恨，她曾写过一篇作文，题目是《我最幸福》。这篇作文里没有一句抱怨自己所没有的，有的只是感激和珍惜已经得到的。在全县的一次征文中得了一等奖。

正如法国印象派大师雷诺瓦说的那样，"痛苦会过去，美会留下。"她的经历如此坎坷，承受了太多的苦难。可是她却感觉自己"最幸福"，在苦难的重压下，顽强不屈地活着，并当作是一种额外的施与，用感恩之心面对苦难。她的生活也因此不曾被苦难所束缚，而是不断向她展现美好，让她越走越开阔。

苦难中成长的人生才是完美的人生。我们应该感谢生活赐予的苦难，因为这是难得的人生财富，有了盐的对比，糖才更加甜；有了痛苦和磨难，生活的美好才更显滋味。

零度下的人生，依然能够沸腾

有人说过，"受苦的人，没有悲观的权利。"零度以下的人生更应该沸腾。

机会、天命、运气，都阻拦不了、控制不了一颗坚定不移的心。自信是人们从事任何事业最可靠、最不可缺的资本，它较之金钱、势力、出身都更有力量。一个拥有自信的人就能排除各种障碍，克服重重困难，既使

你的人生处在零度，坚定的自信心和不懈的精神也同样能让它沸腾。

日本现在拥有上万个麦当劳店，一年的营业总额突破40亿美元。收获这两个数据的主人是一位叫藤田田的日本老人，日本麦当劳社名誉社长。

藤田田1965年毕业于日本早稻田大学经济系，毕业后在一家大电器公司打工。1971年，他开始创立自己的事业，经营麦当劳生意。麦当劳是闻名全球的连锁快餐公司，采用的是特许经营资格和经营机制，而要取得特许经营资格是需要具备相当财力和特殊资历的。而当时藤田田只是一个才出校门几年、毫无家族资本支持的打工一族，根本就无法具备麦当劳总部要求的75万美元现款和一家中等规模以上银行信用支持的苛刻条件。

可是藤田田看准美国连锁快餐文化在日本的巨大发展潜力，在只有不到五万美元存款的情况下，决意要不惜一切代价在日本创立麦当劳事业，于是他费尽心思，东挪西借。可事情进展并不顺利，五个月下来，他只借到了四万美元。面对巨大的资金缺口，要是一般人，也许早就心灰意冷，前功尽弃了。然而，藤田田却偏偏有着对困难说"不"的执着和坚定的自信。

在一个风和日丽的早晨，他走进了住友银行总裁的办公室。藤田田以极其诚恳的态度，向对方表明了他的创业计划和求助心愿。在耐心细致地听完他的表述之后，银行总裁说："你先回去吧，让我再考虑考虑。"

藤田田听后，心里即刻掠过一丝失望，但他马上镇定下来，恳切地对总裁说："先生，可否让我告诉你我那五万美元存款的来历呢？"

总裁回答："可以。"

"那是我六年来按月存款的收获。"藤田田说道，"六年里，我每月坚持存下三分之一的工资奖金，雷打不动。六年里，无数次面对过度紧张或生活拮据的窘迫局面，我都咬紧牙关，克制欲望，硬挺了过来。有时候，碰到意外事故需要额外用钱时，我也照存不误，甚至不惜厚着脸皮四处借贷，以增加存款。我必须这样做，因为在跨出大学门槛的那一天我就立下宏愿，要以10年为期，存够10万美元，然后自创事业，出人头地。现在就是一个绝好的机会……"

藤田田一口气儿讲了10分钟，总裁越听神情越凝重，并向藤田田问明

了他存钱的那家银行的地址，然后对藤田田说："好吧，年轻人，我下午就会给你答复。"

送走藤田田后，总裁立即驱车前往那家银行，亲自了解藤田田的存钱情况。柜台小姐了解总裁来意后，说："哦，是问藤田田先生，他可是我接触过的最有毅力、最有礼貌的一个年轻人。六年来，他真正做到了风雨无阻地准时来我这里存钱。坦率地说，这么严谨而执着的人，我真是要佩服得五体投地了！"

听完柜台小姐的话后，总裁大为动容，立即拨通了藤田田家的电话，告诉他住友银行可以毫无条件地支持他创建麦当劳事业。藤田田追问了一句："请问，您为什么决定支持我呢？"

总裁在电话那端万分感慨地说："我今年已经58岁了，再有两年就要退休，论年龄，我是你的两倍，论收入，我是你的30倍，可是，直到今天，我的存款还没有你多……光说这一点，我就自愧不如了。年轻人，好好干，我敢保证，你会大有作为的！"

不出所言，藤田田成功了，而且取得的是让人刮目相看的巨大成就。

想要收获人生的幸福与成功，在关键时刻，一定要有知难而上的勇气和信心。在人生的关键时刻，只要我们坚持下去，我们的人生之路才会越走越明亮，事业也会越来越成功，只有通过不断的努力获得的成功，才更具有魅力，只有努力的奋斗的人生，才是快乐而无憾的人生！

苦难也是人生路上的一道风景，若能在别人放弃时，自己还是坚持；他人后退，自己还是向前，就能成功。要展示给人的是一种自信、勇敢和无所畏惧、敢于迎难而上的精神，是你拥有坚定的信心。

苦难撼动人心，过后才有辉煌

苦难才会产生撼动人心的力量。

人生就是一个舞台，这个舞台，正上演着一出又一出的悲喜剧，正因

为人人都有悲伤，也都悲伤过，所以，悲剧才成为理解人生的一把钥匙，苦难才成为人生体验的折射与升华。

真正的伟人从不惧怕自己面临的苦难，从不抱怨曾经有过的失意，而且总是微笑面对人生。因为，他们知道，苦难过后便会收到上天丰厚的礼物，会让他们更加伟岸、富有、快乐。

在这个世界上有很多人没有经历过苦难的磨练，深藏着的潜力没有被释放出来，所以他们永远得不到淋漓尽致的发挥。思想永远不成熟，停留在原来的地方，没有任何进展，而只有努力奋进，拥有不屈的斗志才能摆脱危机困扰，才能达到成功的境地。

挫折和苦难并不是我们的仇人，而是我们的恩人！因为当人们遇到的时候，如果用积极的心理遏制反抗的力量，所承受的痛苦和磨难就会激发我们的创造力，锻造坚强的斗志！

没有经历过挫折，就不知道一个真正勇敢的人，愈为环境所迫，反而愈加奋勇！昂首挺胸，意志坚定，经历过苦难磨练的人，终将会取得人生的辉煌！

世界上的事情，都有好的一面，也有坏的一面，世间事千变万化，无奇不有，有的人乐观以对，有的人悲观视之，虽然，天底下总有一些让人不如意的事，不过，聪明的人永远有新的方式来应对人生。

其实，人生本是一出悲喜剧，只是悲剧的成分又比较多一点，虽说苦比乐多，但我们还是可以用另一种方式来表达对生命的敬意，亦即用喜剧来表达对生命的热爱，与其哭哭啼啼来看人生，倒不如笑笑的来看人生。

斯潘琴说："许多人的生命之所以伟大，都来自他们所承受的苦难。"最好的才干往往是从烈火中冶炼的，都是从苦难中磨砺出来的。

正是由于苦难与障碍的出现，使得我们体内克服障碍、抵制苦难的力量得以发展。这就好像森林里的橡树，经过千百次暴风地摧残，非但不会折断，反而愈发挺拔。正像暴风雨吹打橡树一般，人们所承受的种种痛苦、折磨和悲伤，也在开启着人们的才能，在锻炼人们。

在克里米亚的一次战争中，有一枚炮弹击中一个城堡后，毁灭了一座美丽的花园。可在那个炮弹落下的深穴里，竟不住地流出泉水来，后来这里竟然成了一个永久不息的著名喷泉。同样，不幸与苦难，也会将我们的心灵爆破，而在那裂开的缝隙里，也会时刻流出深藏新鲜的泉水来。

上帝在关闭了一扇门，但永远都还会有一叶窗为你开启着。许多人不到丧失一切、穷途末路的地步，就不会发现自己究竟有怎样的力量，有时灾祸的折磨反而使人发现真实的自己。困难与障碍，好似凿子和锤子，能把生命雕琢得更加美丽动人。

一个著名的科学家曾经说过，每当他遇到眼看不能克服的困难时，总是会有奇迹的发现。失败往往激发人的潜力，唤醒沉睡着的雄师，引人开启成功的大门。有勇气的人，会把逆境变为顺境，如同河蚌能将恼它的沙泥化成珍珠一样。

一旦雏鹰能起飞，老鹰便会立即将他们逐出巢外，让他们在空中做飞翔的锻炼。而雏鹰因为有了这种磨砺，这种本领，将来才配做百鸟之王，才会凶猛敏捷，才能做追逐猎物的高手。

苦难更能创造天才。凡是在幼年常遇阻碍挫折的孩子们，往往会更有可能成功；而从没有遇过挫折的人，反而很难有出息。

贫穷与困难是最能激励人的力量，它能坚定人们的信念，发挥人们的潜力。钻石愈坚硬，它的光彩也愈眩目，而要将其光彩显示出来，其所受的琢磨也须愈有力。只有琢磨，才能显露出钻石的耀眼美丽来。

火石不经摩擦，不会发出火光；同样，人们不遇苦难，人体里的力量也将永远不会被充分发挥出来。

有史以来，犹太人就一再受尽异族的压迫，可是世界上最可贵的诗歌、最明智的箴言、最悦耳的音乐，却都是由犹太人贡献的。对于他们来说，正是不断的外界压迫给了他们优秀和繁荣。如今，犹太人依然很富有，不少国家的经济命脉几乎就是控制在犹太人手中。对于他们，困苦是快乐的种子。

席勒病魔缠身十五年，却在此期间写就了他最好的著作。音乐家贝多

芬在他两耳失聪、穷困潦倒之时，创作了他最伟大的乐章。密尔顿就是在他双目失明、贫困交加之时，写下他最著名的著作的。

因为隆冬的严寒杀尽了地下的害虫，植物才能繁茂地生长。一个真正勇敢的人，愈为环境所迫，反而愈加奋勇，不战栗不畏惧，昂首挺胸，傲若腊梅；他敢于对付任何困难，轻视任何厄运，嘲笑任何障碍，因为贫穷困苦不足以损他毫发，反而激发了他的意志、品格、增强了他的力量与信念，最终使他成为出色卓越的人。

坦然面对苦难，保持心态平和

生命也许艰难险阻，你寻找幸福，来的却是悲哀；你寻找和平，来的却是倾轧；你寻找希望，来的却是失望。欢乐找上不怕孤独的人，生机找上不怕死的人。生活中常有不顺遂的事发生，只要我们坦然地面对，就会柳暗花明又一村。

月有阴晴圆缺，人有悲欢离合，生活不可能尽善尽美，人生不可能完完美美。人生在世，风雨雷电，人情冷暖，聚散离合。无论如何，欢笑中少不了泪水，痛苦中伴随着希望，失败中孕育着成功。不论是伟人领袖，还是凡夫俗子，谁都不可能一帆风顺，平步青云，事事如意，永远顺利。人生充满了酸甜苦辣，有成功也有失败，有欢乐也有痛苦，有希望也有失望，有得到也有失去。

塞翁失马，焉知非福。面对成功，我们不要狂妄自大；面对得到，我们不要满足乐观；面对失败，我们不要消极悲观；面对失去，我们不要怨天尤人。其实成功与失败，得到与失去都是互相依存、互相转化，有得必有失，有失必有得，福祸相依；要历史地、辨证地、唯物地看待问题，看待事物，做到胜不骄，败不馁。当你快乐时，你要想，这快乐不是永远的；当你痛苦时，也要想，这痛苦不是永恒的；如果你能够平平安安度过一天，那就是一种幸福了；多少人在今天，已经看不到明天的太阳；多少

人在今天，已经失去了宝贵的健康。人生的很多体会，只有在失去的时候，才能感悟。这种失去谁又能说只有遗憾呢？任何事物都有它的两面性，好事可以变成坏事，坏事也可以转变成好事，世间没有一成不变的东西。不要对生活抱有过多的奢望，也不要有过高的期望，希望不大，失望就不会太多，不要刻意去追求完美的生活。

许多人许多事，我们是左右不了的，也捉摸不透的，但我们不必在意，不必计较，我们可以在面对的时候，献上我们的真诚，献上我们的热情，只为了求得心灵的宁静和自在。俗话说，谋事在人，成事在天。对待事业，只要我们努力拼搏了，就没有遗憾了；对待爱情，只要我们真诚付出了，就无怨无悔了。我们的努力，我们的真诚，只为了求得一份付出后的快乐和坦然。

坦然，是一种平淡中的自信，是一种失意后的乐观，是一种沮丧时的调适，是一种逆境中的从容。坦然，使你活得自然、活得真实、活得惬意；坦然，使你不为名利所捆绑，不为仕途所忧虑，不为得失所忐忑；坦然，使你睿智洒脱，使你胸怀博大。坦然，是一种深层次的文化涵养，是一种宠辱皆忘的豁达情怀，是一种豁然开朗的大气从容。

我们要理智对待生活中的得失成败，正确对待生活中的风雨阴晴。艳阳高照、春风得意时，我们精神抖擞、意气风发；阴雨连绵、失意落魄时，我们斗志昂扬、信心百倍，因为我们的心中有着无比坚定的信念，因为我们的心中有着无限美好的希望。

生活处处充满魅力，人生的路上风景无限。走出黑夜，便是黎明，经历风雨，才见彩虹。经过了冬的孕育，春的播种，夏的成长，就必将会迎来秋的丰收。这是自然的规律，也是人生的法则。

21岁的麦可进入军中服役，他在一次战斗中受了严重的眼伤，眼睛因此而失明了。虽然他受了这么大的伤痛，个性仍然十分开朗。他常常与其他病人开玩笑，并把自己分配到的香烟和糖赠给其他人。

医师们尽最大努力想恢复麦可的视力。可是，经过一番的努力后，似乎并没有什么明显的效果。医生决定把实情告诉麦可。

一天，主治大夫亲自走进麦可的房间对他说："麦可，你知道我一向喜欢跟病人实话实说，从不欺骗他们。麦可，我现在要告诉你的是，你的视力不能恢复了。我很抱歉。"

时间似乎停止下来了，房间里出现可怕的安静。

"大夫，我，我不知道……"麦可终于打破沉寂，努力平静地回答医生的话，"非常感谢你为我费了那么多心力，其实，我一直都知道会有这个结果。"

谁也没有说话，大家都不知道该怎么安慰这个还这么年轻的小伙子，只是在一边默默地看着他。

几分钟后，麦可终于恢复了平静，他对他的朋友说："我觉得我没有任何理由可以绝望。不错，我的眼睛是看不见了，但我还可以听得清楚，讲得很好呢！我的身体强壮，不但可以行走，双手也十分灵敏。何况，据我所知，政府可以协助我学得一技之长，那足以让我维持生计。我现在所需要的，就是适应一种新生活罢了。"

多么豁达的麦可啊！一个内心无比畅亮的年轻盲眼士兵。他没有去抱怨自己的不幸，诅骂上帝的不公，而是用心计算自己所拥有的幸福，并想着怎样去走好明天的路．而这才是强者面对困难时最好的解决办法。

上帝为你关闭了一扇门，同时也会为你打开一扇窗。人生不是一帆风顺的幸福之旅，而是不停地摇摆在幸与不幸、成功与失败之间。

正确的放弃未尝不是一件好事。朝自己的目标勇往直前固然好，但要明确自己真正需要的，不要盲目地追求，对不可能实现的，要学会果断地放弃。放弃需要勇气，需要挑战自己，它并不意味着失败，而是一个全新开始的象征。

陶渊明放弃了高官厚禄，过着隐居的田园生活，活得自由自在，否则怎会有那流芳千古的作品；当代大学生徐本禹放弃了锦绣前程，为教育事业毅然走进了贫穷落后的小山沟。放弃同样是一种境界，一种胸怀。

放弃也是另一种美丽。昙花放弃了生命，只为那美丽的一瞬间；生长在戈壁的依米花经过五年时光，才绽放一次，两天后便香消玉殒，留给人

最美好的回忆。人生何尝不是如此，只要美丽一次，足矣。

　　坦然面对生命中的痛苦和悲伤，生命反而不必承载平日的矫饰与虚伪，唯有松动灵魂的焦躁与不安，才能获致内心的澄澈与平静。生活如同一篇文章，取其精华，去除糟粕，才会更有品位，更耐人寻味。改变态度，坦然面对，你就会得到意想不到的奇迹。

Chapter 4
这辈子，做幸福的不抱怨的人

　　不抱怨是一种生活态度，一种看似简单却很有讲究的大智慧，它更是一种精神，每个人都需要这种精神，也匮缺这种精神。

　　抱怨是最消耗体能和精力的愚钝行为。有时候，我们的抱怨不仅会针对人、也会针对不同的生活情境，表示我们的不满。而且如果找不到人倾听我们的抱怨，我们会在脑海里抱怨给自己听。"不抱怨"是我们现代人最迫切需要的。我们可以这样看：天下只有三种事：我的事，他的事，老天的事。抱怨自己的人，应该努力学习接纳自己；抱怨他人的人，应该试着把抱怨化成仁爱；抱怨老天的人，请试着用坚强的态度去面对人生。这样一来，你的生活会有意想不到的转变和惊喜，你的人生也会更加地美好、圆满。把时间花在进步上，而不是抱怨上，才是成功的秘诀。

一味抱怨生活，只会徒增疲惫

我相信一句话：如果你喊痛，伤害就会出现；如果抱怨，就会遇上更多想抱怨的事。这是行动上的吸引力法则。当你抱怨时，就是用不可思议的念力，在寻找自己说不要，却想得到的东西。

不要让抱怨操控、支配你。尽管它实在是一件随时都可能发生的事情。早上起床晚了，抱怨的人会想"唉！又要扣工资了"，不抱怨的人会想"也许是我太累了，是该找时间好好休息一下了"；路上与别人撞了一下，抱怨的人会想"没长眼睛啊"，而不抱怨的人可能根本就没意识到，最多会想"他也不是故意的"；工作上辛辛苦苦完成了一个任务，自认为无可挑剔，哪知交上去了才发现还有个小错误，抱怨的人会想"为什么事先没想到啊，真是白辛苦了"，不抱怨的人会想"我这么小心还是有疏漏，下次要吸取教训，要更加小心了"；到了公司，有个同事对面走过连个招呼也没打，抱怨的人会想"对我有意见？我还懒得理你呢"，不抱怨的人可能想都没想，最多会想"他也是想着做事，没留神"；喝口水呛着了，抱怨的人会想"怎么这么倒霉，喝水都要找我麻烦"，不抱怨的人会想"我现在有点急燥了，沉稳一点"；下班了，领导说大家留一留，晚上要开会，抱怨的人会想"又开会，怎么不在工作时间开啊？我与女朋友的约会怎么办"，不抱怨的人会想"原来这就是鱼与熊掌不可兼得也"；晚上回到家，累得不行，抱怨的人会想"为什么生活会这么累啊"，不抱怨的人会想"又过一天了，今天还是有不少收获的，现在马上好好休息，明天该做……"吃饭咬到沙子，抱怨的人会想"谁洗的米，这么笨，沙子都不去掉"，不抱怨的人会想"有沙子是正常的，怪我不小心没看到"……

如果不喜欢一件事，那就改变那件事；如果无法改变，就改变自己的态度。不要抱怨。没有一种生活是完美的，也没有一种生活会让一个人完全满意，我们做不到从不抱怨，但我们应该做到让自己少一些抱怨，而多

一些积极的心态，如果抱怨成了一个人的习惯，就象搬起石头砸自己的脚，于人无益，于已不利，生活就成了牢笼一般，处处枷锁，处处不满，反之，则会明白，自由的生活着，其实本身就是最大的幸福，哪会有那么多的抱怨呢。

　　为什么抱怨的人会说生活得这么累，因为他只看到了自己的付出，而没有看到自己的所得，而不抱怨的人即使真的很累，也不会埋怨生活，因为他知道，失与得总是同在的，一想到自己获得了那么多，真是高兴啊。

　　很久以前，有个寺院的住持给寺院里立下了一个特别的规矩：每到年底，寺里的和尚都要面对住持说两个字。第一年年底，住持问新和尚心里最想说的是什么，新和尚说："床硬。"第二年年底，住持又问新和尚心里最想说什么，新和尚说："食劣。"到第三年年底，没等主持提问，新和尚就说："告辞。"住持望着新和尚的背影自言自语地说："心中有魔，难成正果，可惜！可惜！"住持说的"魔"，就是新和尚心里没完没了的抱怨。他只考虑自己要什么，却从来没有想过别人给过他什么。这样的人在现实生活中有很多，他们这也看不惯，那也不如意，怨气冲天，牢骚满腹，总觉得别人欠他的，社会欠他的，从来感觉不到别人和社会对他所做的一切。这种人心里只会产生抱怨，不会产生感恩。

　　我们经常会听到这样种种的抱怨："上天太不公平了，为什么别人都那么优秀，而我却一无所有？我没有花容月貌，没有才高八斗，没有政治家的文韬武略，又不及军事家能运筹帷幄。我缺乏天赋啊！天赋，那是上天赐予的财富。上天啊，既然让我来到这个世间，为什么又不给我超越一切的力量？"

　　选择抱怨就等于把力量给了黑暗。抱怨的人们，一心仰面向天乞求财富，却从不低下头来仔细想想自己已经拥有的一切。于是，时间在怨天尤人中悄悄流逝，他们踌躇、苦闷，蹉跎了岁月，最终一事无成。

　　在印度，有一个师傅对徒弟不停地抱怨感到非常厌烦，于是就派徒弟去取一些盐回来。当徒弟很不情愿地把盐取回来后，师傅让徒弟把盐倒进水杯里，再把它喝下去，然后问他味道如何。

徒弟吐了出来，说："很苦。"

师傅笑着让徒弟带着一些盐和自己一起去湖边。

他们一路上没有说一句话。

来到湖边后，师傅让徒弟把盐撒进湖水里，然后对徒弟说："现在你喝点湖水。"

徒弟喝了口湖水。师傅问："有什么味道?"

徒弟回答："很清凉。"

师傅问："尝到咸味了吗?"

徒弟说："没有。"

然后，师傅坐在这个总爱怨天尤人的徒弟身边，对他说："人生的痛苦如同这些盐，有一定数量，既不会多也不会少。我们承受痛苦的容积大小决定痛苦的程度。所以当你感到痛苦的时候，就把你的承受容积放大些，不是一杯水，而是一个湖。"

当我们看报纸看电视的时候，谁买彩票又中了 500 万，你在想他的运气怎么就那么好呢? 而我还在上班下班赚着寥寥无几的工资。其实我们中国这么大，能中奖的人又有几个呢? 所以我还是建议不要去买彩票，与其浪费时间和金钱，还不如把更多的精力投入到工作之中来，万丈高楼平地起，什么事都是一点点干起来的，只要你从现在努力，就不晚，有颗成功心，干什么都会有你满意的结果。

生活是公平的，对每个人都是一样，只有我们用积极心态去对待，那么好运气一定会照顾着你。有人说，我没有好的父母，不能给我更好的环境和好的工作，看人家谁谁谁，爸妈只要那么一疏通，就什么都有了; 有人说，我学历低微又什么也不会，有好工作会给我做吗; 有人说，我就是普通人一个啊，又能干什么呢? 还不如就这么混日子呢? 其实所有的这些都是借口，是逃避现实的一种谎言。到头来你还是庸人一个，其实并不是每个人都要像李嘉诚那样白手起家，最起码也要有自己的小目标，哪怕为了我们的父母，我们的妻儿，你也要做个成功的人。

一个哲人说："世界上最大的悲剧和不幸就是一个人大言不惭地说

'没人给过我任何东西。'"成功的人，并不是排除了生命中的挑战，而是去面对生命中的挑战，去接受发生在自己身上的一切，并藉此来帮助自己成长。我们可以努力实现自己的期许，而不是抱怨现状来获取想要的结果。

只懂抱怨的人，无力改变公平

整天怨天尤人，满腹牢骚的人，都是站在自我的角度上思考问题，总觉得自己是弱者，认为世界不公平，内心空虚，而又不积极思考，从主动改变自己开始。

比尔·盖茨说过："人生是不公平的，习惯去接受它吧。请记住！永远都不要抱怨！"世上从来就没有绝对的公平，每个人来到世上，都会和别人有所不同，比如出身背景不同、家庭关系不同、受教育的程度不同……如果这些方面都绝对"公平"了，反而是另一种"不公平"。其实，每个人从出生开始，就必须无条件地接受这些"不公平"。

是的，公平，在不同的人眼中有不同的意义。美女波尔斯眼中的"公平"，与银行家眼中的"公平"是不尽相同的。所以，这个世界上找不到绝对的公平。公平只是人们相对的内心感受。

世界上总是有很多穷人和部分富人，甚至可能是穷人越来越穷，富人越来越富，这的确也是一种"不公平"。但是，对于穷人与富人来说，除了机会和运气以外，他们的思想和行为方式也是不同的。很多富人也不是一开始就是富的，穷人要想变成富人，就不要只盯着富人的口袋，而是要思考走出困境的方法。

就像西方一句俗语说的："人们只注意到富翁坐在奔驰车上，却很少有人注意到他因为操劳而变成秃顶。"因为人们都有一个思维误区，都喜欢只看到别人的表面优势，喜欢嫉妒别人拥有的光环，却不留意他们为成功所做的艰辛付出。如果人们能深入的去探究原因，也许就是另一个光明

的开始，不会只有那么多可怜的抱怨。

因此，我们不要整天抱怨社会的不公平，更不要把"这个社会原本就是不公平"的谬论作为借口，而放弃所有的努力。因为"不公平"的存在只是相对意义上决定了你的起点，却无法决定你的终点。有因才有果，成功是需要努力去争取的。

在20世纪90年代，四川省很多国有企业的工人一夜之间都下了岗。李春花，同自己的丈夫辜强一道，也都成了下岗大军中的一员。

面对突如其来的困境，李春花夫妇一开始觉得很不公平，然而，抱怨毕竟不能当饭吃，最终他们决定，一定要开启新的生活，打造一片新的天地。

1999年，李春花同丈夫来到成都，他们想在机场附近租一间只有6平方米的门面，卖稀饭和各种日用品。在他们先后投入了1.5万元后，稀饭店总算开张了。

也许就是"祸不单行"，老天爷真的是"不公平"，总是把灾难降临在同一个人的头上。两个人虽然是起早贪黑地干活，但生意并不见好。开张仅仅三个月，就亏损了3 000多元。

李春花没有精力去抱怨，也没有资本去抱怨，她知道只能改变现状，否则就只有死路一条。怎么改变呢？中国人通常习惯在早上喝稀饭，如果改在中午或者晚上喝稀饭是否也可以呢？丈夫也认为这个想法不错，于是他们经过认真考虑后决定：把稀饭做成正餐，推出了各种口味的营养"荤稀饭"。

为了创建属于自己的稀饭品牌，他们首先给自己的稀饭取了一个通俗易记的名字——"李姐稀饭大王"。

接下来，他们就开始正式行动起来：夫妻俩分工明确，配合默契。丈夫负责研究稀饭的种类，李春花则研究经营战略。她在当地做了一系列小广告来为小店做宣传，并大胆提出"改变稀饭传统喝法，把稀饭当成正餐，把稀饭当成营养餐"的餐饮新理念。

通过宣传这一新理念，许多人纷纷赶来尝鲜。客人们吃完后都赞不绝

口，这样一传十，十传百，没过多久，小店便远近闻名，来的客人都点名要品尝那些特色营养稀饭。丈夫也加紧研究，把稀饭的品种由原来的十几个发展到二十多个，并且还请教了许多老中医，成功研制出了清热解毒稀饭、开胃健脾稀饭、美容养颜稀饭等各种具有保健价值的稀饭，这样他们的生意也越做越红火。

2001年，夫妻俩又开了几家分店，并对"李姐稀饭大王"的品牌也进行了注册。

据说，后来在"李姐稀饭店"里，一到吃饭时间，上百成千的食客挤满了大院，男女老少都齐刷刷地喝起稀饭，霎时，"呼呼"声大作，场面颇为壮观。在当地流传着这样一个笑话段子：天上的飞机声，地下的稀饭声。

就这样，李春花夫妇正是凭着自己无怨无悔地努力，靠着开拓创新的拼搏精神，渐渐的发展了与飞机"齐名"的"李姐稀饭大王"餐饮事业。

现实生活中，有些人可能会利用自己优先占有的某些社会资源，从而迅速过上了令人羡慕的生活，但这种唾手可得的成功，往往是不长久的。而对于那些因为缺少某些资源，面临许多"不公平"的人，他们擅长的却是把自己的劣势变成努力奋斗的动力，他们会寻找机会发挥自己的长处，竭尽全力闯出自己的一片天地。只有这般"梅花香自苦寒来"的成功，才是最经得起时间的考验。

古往今来很多伟大事业的起点，常常都是因为"不公平"。生活不可能绝对公平，我们要学会接受现实，改变现状。要鼓起勇气，把"不公平"甩在身后，就会创造不一样的精彩，而且这种"不公平"还会成为激励我们奋斗的动力。

所以，正视现实的人，不会陷入自我感伤，也不幻想靠抱怨来获得所谓的"公平"。造物主给一个人某些劣势的同时，必然赋予他一些优势，而这些优势可能深藏在身体的某个地方，需要通过我们的努力才能去发挥作用。

真正优秀的人，从来不会抱怨

优秀的人，绝不让满腹牢骚来消耗自己，也不会让抱怨的思维限制自己。他们总是去积极思考解决的出路，并行动起来去实现目标。

索尼公司是世界上最受敬仰的公司之一，创始人盛田昭夫曾经讲过这么一个事：

东京帝国大学的毕业生，在索尼公司一直非常受欢迎。有个叫大贺典雄的帝国大学高材生，是一位很有才华的青年。他加入索尼公司之后，年轻气盛、直言不讳，还曾多次与盛田昭夫争论。但盛田昭夫很喜欢这个敢于独立思考的年轻人，非常器重他。

可不久，出人意料的，盛田昭夫居然把大贺典雄下放到了生产一线，给一位普通工人当学徒。这让很多员工迷惑不解，他们猜测，他一定是由于说话过于直接，得罪了盛田昭夫。还有人为大贺典雄感到不平，但大贺典雄对此只是淡淡一笑，踏踏实实地做他的学徒。

一年后，更让人匪夷所思的事情发生了，还是学徒工的大贺典雄居然被直接提拔为专业产品总经理，员工们对此更加百思不得其解。

在一次员工大会上，盛田昭夫为大家揭开了谜团："要担任产品总经理，必须要对产品有绝对清楚的认识，这就是我要把大贺典雄下放到基层的原因。让我高兴的是，大贺典雄在他的岗位上干得很出色。不过，真正让我坚定提拔念头的还是这件事：整整一年，他在又累又脏又卑微的工作环境下，居然没有任何的牢骚和抱怨，而且兢兢业业，甘之若饴。"

人们终于明白了其中的原因，不禁得报以热烈的掌声。5 年后，也就是在 34 岁那年，大贺典雄成为了公司董事会的一员，这在因循守旧的日本企业，简直是前所未有的奇迹。

究竟是什么力量，促使大贺典雄整整一年处在脏累而卑微的工作环境中，却没有任何抱怨？亦或是说，像大贺典雄那样，能面对挫折而泰然处

之的人，他们究竟有什么与众不同的地方呢？

其实在他们身上往往具有容易被常人忽略的素质：

首先，永远客观的正视现实，从不为困难找借口。

他们不追求绝对的"公平"，就算一时的收获抵不上付出，他们也能接受这一切，心甘情愿从头做起，从基层做起。他们不追求小说故事里那些一蹴而就的成功，他们接受"年轻人要从基层做起"的思想。他们并不从一开始就给自己定下什么"伟大的目标"，而是一个个现实的目标，通过一步步的努力走向成功。

其次，化解困惑，擅长从具体工作中寻找乐趣。

乐观的心态，是支撑一个人度过"低谷"的基础。可以想象，当大贺典雄被派去做学徒，他当时并不知道盛田昭夫的用意，肯定也会觉得困惑、不解。但现实是必须面对的，他该如何度过自己的学徒岁月呢？也许，大贺典雄一定喜欢自己的工作，一定从学徒的工作中寻找到了乐趣。毕竟这是当时其他大学毕业生一辈子可能都不会碰到的经历。也正因为他珍惜这段经历，在学徒的岗位上也做得有声有色，所以，才让盛田昭夫更加清晰地认识到他与众不同的心理素质和才能。

再次，富有远见，不计较一时得失。

固然，大贺典雄是幸运的，他的"不幸"仅仅是盛田昭夫刻意安排的"考验"。可实际上，更有无数"一开始就没那么幸运"的成功者，不计较一时得失，凭借自己强大的坚毅和耐心，完成了命运安排给他们的严酷"考验"。

最后，永远采取积极的行动。

即使处在"低谷"，他们也不会自暴自弃或是怨天尤人，他们总会"做点什么"，让自己渡过难关，决不会用嘴上滔滔不绝的抱怨来宣泄自己，积极行动是他们唯一的向导。

优秀的人，一般都需要具有上述几项心理素质，他们不急不怨，不愠不火，着眼现实，积极行动，努力解决出现的问题，用建设性的态度来看待工作和生活。他们更不会抱怨命运，只是积极用行动改变自己的处境；他们不会抱怨同事、抱怨客户，而是用善意的方式与人们进行沟通；他们

不会抱怨老板、抱怨公司，而是珍惜本职工作给自己提供的学习机会。他们遇到麻烦、挫折，都会"换一个角度"想问题，从"麻烦"中发掘快乐，创造机会。

下面是关于几个事业有成者的经历。

其中有一个人，他开车和专家一起参观一家企业，却恰巧碰上一路都是交通堵塞，几乎是寸步难行。可这位朋友却说："北京的交通就是这样！没关系，平时我也不开车，坐公司的班车上班，一路上可以闭目养神，还可以听听外语。上次我去美国考察，我发现自己的口语竟然提高了很多！这还得感谢北京的堵车呢！"

另外一人是一个企业的老板，朋友们从来都听不见他的抱怨。按理说，他有太多需要抱怨的理由了：行业的政策变动、诸多合作伙伴的不诚信、员工的失误等等，都给他带来很多麻烦。但他从来不抱怨任何人，而是想办法，找出路，把每一个考验和挑战一一化解，把每一个劣势重新调配，全力做到细致。

正是这些不抱怨的人，在朋友、同事之间散发着迷人的魅力，也让别人感觉心胸开朗、心态阳光，在工作中充满着力量。

一个真正有理想的人，是不会为身边那些烦琐的小事怨天尤人的；当一个人懂得时间的珍贵，就不会让抱怨浪费自己的生命，生活中的阳光也会洒满他们生命的每一个角落。

如果你还在喋喋不休地抱怨不停，至少可以肯定，你很难成为优秀的人。从现在开始停止抱怨吧，换一种态度去审视生活，你就会发现一个个被忽略掉的精彩。

出力就会得力，付出就有回报

有人说过，"无常是正常"。有因才有果，有付出就有收获。

上帝对每个人都是公平的，你付出了会得到回报的。付出的越多，得

到的也就越多。当然上帝是要考验我们的，每个人都有考验。所以遇到困难无须惧怕，胜利就在你眼前了。俗话说："经风的生命更亮丽，经雨的太阳更灿烂。"年轻的我们，抚平心灵的创伤，奔向明天的太阳吧！

有时你可能已经付出了好多，但是还总是失败，觉的梦想离自己很遥远。其实不然，你离梦想已经很近了，穿越过黎明前的黑暗，你就会看到曙光。但如果放弃梦想，那就真的离它越来越远了！放弃了就彻底的失败了！"失败是成功之母"也永远体味不到了！

有些事并不是我们所看到的样子，让我们看看下面这个故事！

两个天使在旅行中到一个富商家借宿，这家人对他们并不友好，并且拒绝让他们在舒适的客厅过夜，而是在冰冷的地下室找了个角落。铺床时，较老的天使发现墙上有个洞，就顺手把他修补好了。第二晚两人到了贫穷家借宿，主人夫妇两十分热情款待客人，把仅剩的一点食物都拿出来给客人吃，还让他们睡自己的床铺，第二天早，天使发现主人夫妇在哭泣，唯一的生活来源———头奶牛死了。年轻的天使非常气愤，质问老天使"为什么不阻止，帮无情无义的富人补墙洞，而对有情有义的穷人不予帮助？"

老天使说："有些事情并不像它看上去的那样。"我补墙洞那是墙里面堆满了金块，我要让它们不出来，而昨晚我得知死神来召唤农夫的妻子。于是就让奶牛替了她。

通过这个故事，我们是否能有所领悟呢？有些时候付出虽然失败了，但是你还可以再来，实际上如果你没有付出，败得会更惨！就象我们常自己说，怎么会这样。我明明用心努力的，怎么还考试不及格！怎么还考倒数第一，明明怎样……后又怎样……千万次地哀声叹气，千万次地不满意，一次又一次地埋怨，直到自己放弃了自己，然后堕落。可是为何不去想想，有付出总是会有回报的！只有正视自己，才能脱掉失败的茧，化蛹为蝶，成就一个崭新的自己。

相信自己的每一次努力和付出都是有价值的，看似毫无结果的努力都是通向最后目标的阶梯。因为付出总有回报。

阎士杰毕业于河北工艺美术学校，后来他去天津美院自费进修油画专业。进修的费用对于当时的阎士杰来说无疑是一笔巨款。于是，阎士杰开始琢磨生财之道了：卖灯笼。但人算不如天算，那一年除夕灯会取消了。第一次努力改变命运的行动失败了，但阎士杰并没有彻底失望，他决定转行做装修生意。1987 年，他用 10000 元钱创办第一家装饰装修公司。

由于受过深刻艺术熏陶，他有着比普通人更加敏锐的眼光和更加严格的要求，以艺术家特有的完美主义，他把装修当做成了一门艺术，总是认真细致地对待。

众口皆碑的名誉，吸引了众多顾客，邢台市市长也慕名而来，居然要阎士杰的装修公司去装修一个机场候机室。但是，时间只有一个月。市长说："如果你不行，我马上请别的装修公司。一个月后，飞机场必须通航。"

阎士杰答应之后有一点后悔，因为他看到要装修的候机室竟是一个 20 世纪 50 年代的破机库，机场空旷得能把狼给招来，工人们也只能住在羊圈里。

可是，言必行，行必果。对于一个公司来说，没有什么比信誉更重要。阎士杰带着手下的一帮工人，开始没日没夜地拼命干活了。

整整一个月的时间，阎士杰和手下的装修工人形色憔悴，就是这一群累得和乞丐差不多的人，让飞机场终于按时完工了。

自从飞机场改建工程完工后，阎士杰的装修公司名声大振，他一面引进资金，一面不断向外扩张。短短几年时间，就完成了原始积累的阎士杰，开始向更大的目标前进。

无论在任何情况下，绝对不要放弃希望和自信，不要是一颗黯淡的心，相信上天是公平的，我们需要做的就是，用行动去改变自己。

从此放下抱怨，积极拥抱生活

莎士比亚曾说："人生在世，也有潮汐涨落，把握住涨潮的时机，便可成功；失去良机，一生航程必定触礁搁浅，终身颠沛。"

在人生的海洋中，虽然不能每一次都顺顺利利、平平安安的，但是，我们所能做的，就是把帆准备好，随时迎风待发。

有一个大学毕业的学生，工作两年就换了六个单位，总是觉得自己得不到老板的重视，身边的同事大多也不愿和他谈话，他对那份工作一点兴趣也没有了，他想辞职另找一份工作。他是那种有上进心，但是又很自负的人，总觉得自己比别人强，有时候甚至还不懂装懂，瞧不起别人。在大学期间就由于这种性格和很多同学搞僵了关系，人际关系非常糟糕，所以在学校的时候，他就盼着能早点毕业，换个新环境来摆脱学校这个他认为很糟糕的环境。可是工作两年来，他依然是频频跳槽，由毕业前的雄心壮志变成了现在的郁郁不得志。

试想，这样的结果是谁的过错呢？生活和工作中，我们更应该改造的是我们自己，转变方式，改变态度，学会积极的生活。

还有这样一个故事。一只乌鸦打算飞往南方，途中遇到一只鸽子，一起停在树上休息。鸽子问乌鸦："你这么辛苦，要飞到什么地方去呢？为什么要离开这里呢？"乌鸦叹了口气，愤愤不平地说："其实我也不想离开，可是这里的人们都不喜欢我的叫声，他们看到我就撵，有些人还用石子打我，所以我想飞到别的地方去。"鸽子好心地说："别白费力气了。如果你不改变你的声音，飞到哪里都不会受欢迎的。"

因此，改变自己，去适应社会，才是明智之举。

经常遭受挫折、打击和失败的人，常常习惯于责备社会、制度、人生，抱怨自己运气不好。对于别人的成功与幸福，总是愤愤不平。因为他认为，这些都说明生活使他受到不公平的待遇。

无论生活中还是工作中，当我们认为自己遇到了不公平的待遇时，先冷静地想想到底问题出在哪里，找到问题的症结，解决问题才是正道，而不是用抱怨和逃避的消极态度去面对。

任何抱怨和类似的愤愤不平都只是企图用所谓不公正、不公平的现象来为自己的失败辩护，使自己感到好过一些。可实际上，作为对失败者的安慰，怨恨是不起任何作用的。怨恨是精神的烈性毒药，它遏制了快乐的

产生，并且使成功的力量逐渐的消耗殆尽，最后形成恶性循环。自己并没有多少本领而又非常怨恨别人的人，几乎不可能和同事相处得好。对于由此而来的同事对他的不够尊重，或者领导对他工作不当的指责，都会使他加倍地感到愤愤不平。可是任何的抱怨永远都无济于事，最明智的做法是将抱怨化为行动。

怨恨的结果是塑造恶劣的自我形象，并将自己孤立于众。就算怨恨的是真正的不公正与错误，它也不是解决问题的方法，因为它很快就会转变成一种不良情绪，继续影响其它人和事。一个人习惯于觉得自己是受害者时，就会定位于受害者的角色上，并可能随时寻找外在借口，即使是在最不确定的情况下，他也能很轻易地找到不公平的证据。

产生怨恨的真正原因是自己的情绪反应。面对困境，抱怨是无济于事的，抱怨显得如此的苍白无力，只有通过努力才能改善处境。因此，只有自己才有力量克服它，如果你能理解并且深信，怨恨不是使人成功与幸福的方法，你便可以想方设法控制住这种习惯。

许多成功的人往往就是在克服困难的过程中，形成了高尚的品格。相反，那些常常抱怨的人，终其一生，也无法产生真正的勇气、坚毅的性格，自然也就无法取得应有的成就。对于生活中那些习惯抱怨的人，人们常会对他避而远之；在工作中也很少有人会因为坏脾气以及抱怨、嘲弄等消极负面的情绪而获得奖励和晋升。也许有些人的确承受了巨大的压力，或者在公司得到极不公正的待遇，但是这些都不能成为无休止抱怨的理由。

一个受过良好教育、才华横溢的年轻人曾经抱怨说，自己在公司长期得不到提升，其间流露出对老板不满。一旦有了这种心理，他也就根本无法主动用心地做事了。

人们在遭遇不公正待遇时，通常会产生种种抱怨情绪，甚至会采取一些消极对抗的行为，这是一种正常的心理反应。但是，如果我们从另外一个角度，用一种豁达大度的心态来对待它，就会将这种不公正当成对人生的一种考验。

有一个人计划与一位离过婚的女人结婚，临到结婚前却放弃了。"事

情怎么会这样呢?"他的朋友为之惋惜。那个人解释说,"她总是历数前夫的种种缺点,胡说八道、好吃懒做、无所事事、脾气恶劣等,简直一无是处。我想,世界上应该没有一个如此坏的人吧。我突然觉得和她生活下去我会受不了的,于是干脆趁早逃走!"

现在许多公司管理者对员工的耿耿于怀的抱怨都感到很困扰,一位老板曾经这样说:"许多职员总是在想着自己'要什么',抱怨公司没有给自己什么,却没有认真反思自己所作的努力和付出够不够。"

嘲弄和抱怨是慵懒、懦弱无能的最好诠释,它像幽灵一样到处游荡使人不安。与其毫无意义地抱怨和唠叨,不如去寻找那些值得欣赏的东西,赞美它、理解它、支持它、拥护它,你肯定会发现截然不同的结果。如果还是无法释放内心的压抑和烦恼,你不妨到海边去,在沙滩上将自己的愤怒和不满写出来,让他们随着潮水一起消失在天际间。

每天多做一点,生活就会改变

滴水穿石,积少成多,集腋成裘,不积小流,无以成江海等等,无不说明"小"的作用。"勿以善小而不为",无论你是管理者,还是普通职员,若能抱着"比别人多做一点"的工作态度,你便可从竞争中脱颖而出。你的老板、同事和顾客都会关注你、信赖你,也会渐渐引领你走向成功的大道。

一位成功的推销员在分享自己成功经验时说:"你要想比别人优秀,就必须坚持每天比别人多访问 5 个客户。""比别人多做一点",多简单的一句话,却是很多事业成功者的制胜法宝。

但是在现实生活中,大多数人更愿意找些借口来搪塞,而不是努力成为优秀的实践者。因为他们觉得自己必须有巨大的付出才能够成为优秀的人,而找个借口搪塞自己为什么不全力以赴让自己变得优秀,对他们来说,那可真是不用费什么力气。

成功并不高深，实际上就是将勤奋和努力融入每天的工作、生活中的任何一个细节。著名投资专家约翰·坦普尔顿通过大量的观察研究，得出了一条很重要的原理："多一盎司定律"。盎司是英美重量单位，一盎司相当于1/16磅，在这里以一盎司表示一点微不足道的重量。

所谓"多一盎司定律"，意即只要比正常多付出一丁点儿就会获得惊人的结果。

我国著名企业海尔就很好的运用了"多一盎司定律"。这也是海尔的产品合格率能达到一个很高的水准的秘诀。由于电冰箱对当时的消费者来说是家庭中的大件，许多家庭买来之后，都放在房间的显要位置。因此，海尔对冰箱的各项技术指标的要求均高于国家标准，其中主要的七项指标实测值均优于国际发达国家水平。为满足当时用户对高档家电的特殊需求，海尔对外观设计、噪音处理等的要求特别严格。如冰箱外观，国家标准要求是1.5米以内看不出划痕，而海尔的要求则是0.5米以内不得看出划痕；噪音国家规定为52分贝，海尔的内控标准为50分贝，提高了自身的"修炼"。其实，在工作中，有很多时候需要我们"多加一盎司"。

多加一盎司，收获可能就大不一样。尽职尽责完成自己工作的人，最多只能算是称职的员工。如果在自己的工作中再"多加一盎司"，你就可能成为优秀的员工。尤其是我们更应该为自己确立这样的工作标准：对自己的要求要适当地高于老板的要求。做到这一点，我们就一定能把工作做好。当亨利·瑞蒙德在美国《论坛报》做责任编辑时，刚开始时他一星期只能挣到6美元，但他还是每天平均工作13至14个小时。往往是整个办公室的人都走了，只有他一个人还在继续工作。"为了获得成功的机会，我必须比其他人更努力地工作，"他在日记中这样写道，"当我的伙伴们在剧院时，我必须在房间里；当他们熟睡时，我必须在学习。"后来，他成为了美国《时代周刊》的总编。

美国著名出版商乔治·齐兹12岁时便到费城一家书店当营业员，他工作勤奋，而且常常积极主动地替别人做一些分外之事。他说，"我并不仅仅只做我分内的工作，而是努力去做我力所能及的一切工作，并且是一心

一意地去做。我想证明自己是一个比在别人想象中更加有用的人。"坦普尔顿指出：取得中等成就的人与取得突出成就的人几乎做了同样多的工作，他们所做出的努力差别很小，仅仅"多一盎司"。但其结果，在所取得的成就方面，却经常有着天壤之别，几乎不可同日而语。这好比两个人参加马拉松比赛，在奔跑两个小时以后，都已经完成了 42 公里的赛程，还有不到 200 米，就将到达终点。此时的两人都十分劳累，每一步都是煎熬。前者选择了放弃，而后者则坚持了下来。相对于他跑过的漫长路程，余下这一段短短的距离所具有的价值和意义是不言而喻的，没有这几步，此前的努力将变得毫无意义；有了这几步，他就成了一个征服马拉松的胜利者。取得中等成就的人只是少跑了几步，但是不幸地是，那是最有价值的几步。输赢也因此而见分晓。

"多一盎司定律"可以广泛地运用到人们生活和工作的任何一个领域。这一盎司把赢家跟一些入围者区别开来。在朝气蓬勃的高中足球队中，你会发现，那些多做了一点努力，多练习了一点的小伙子成为了球星，他们在赢得比赛中起到了实质性的作用。他们得到了球迷的支持和教练的青睐。而所有这些只是因为他们比队友多做了那么一点努力。

比别人多做一点会使你最大程度地展现你的工作精神，最大限度地发挥你的天赋，让自身不断升值，成为一个真正的优秀的人。多做一点是一个良好的习惯。你没有义务做自己职责范围以外的事，但是你却可以选择自愿去做，来鞭策自己加速发展。率先主动是一种极其珍贵、备受青睐的素养，它能使人变得更加敏捷，更加积极。如今在很多公司，个人的工作内容相对比较确定，并没有许多"分外"之事让我们去做。而且，当一个人已经完成了绝大部分的工作，付出了 99% 的努力，再"多加一盎司"其实并不难。但是，我们往往缺少的却是"多一盎司"所需要的那一点点责任、一点点决心、一点点敬业的态度和自发主动的精神。

在商业界、在艺术界、在体育界、在所有的领域，那些最知名的、最出类拔萃者与其他人的区别在哪里呢？答案就是多勤奋、多努力那么一点儿。谁能使自己多加一盎司，谁就能得到千倍的回报。

Chapter 5
这辈子，用感恩让世界充满爱

英国作家萨克雷说："生活就是一面镜子，你笑，它也笑；你哭，它也哭。"你感恩生活，生活将赐予你灿烂的阳光；你不感恩，只知一味地怨天尤人，最终可能一无所有！成功时，感恩的理由固然能找到许多；失败时，不感恩的借口却只需一个。殊不知，失败或不幸时更应该感恩生活。感恩，一种人生修养。在我们的生命中处处需要感恩。这不仅仅是一种礼仪，更是我们在生活中的闪光点。

感恩，使我们在失败时看到差距，在不幸时得到慰藉、获得温暖，激发我们挑战困难的勇气，进而获取前进的动力。感恩，是人与人之间珍贵的情感。感恩不仅包括对父母的感恩，也是对曾经帮助过我们的人的感恩。或许有人曾助你排忧解难；或许有人曾助你登上顶峰；或许有人曾是你在危难时刻的一只援手。感恩，对爱感恩。感恩，是一笔巨大的财富。

让我们怀着一颗感恩的心，去拥抱世界吧！让这个世界充满爱。

漫长人生旅途，不只为了赶路

对我们每个人来说，生命，不仅仅是为了赶路，在我们的人生旅程中，有感动，有温暖，有热情，当我们拥有快乐和幸福的时候，更不要忘记那些曾经给过我们感动，给过我们温暖的人和事。在人生的旅途上，我们既是过路人，也是欣赏者。在很多人只顾着埋头赶路的时候，往往忽视了生命中最容易感动我们的东西。懂得感恩，心怀感恩，我们的生活才会有更多的快乐，活着才会更加美好。

人的一生真的不算长，时间稍纵即逝，我们应该好好珍惜身边的每一个人和每一件事。既然我们无法延伸生命的长度，那我们就在不断完善自身价值的过程中扩宽生命的宽度。

生活因为有了感恩，才会变得美好；世界因为有了感恩，才会有宽容大爱。宽容他人，尊重他人，感恩生活，这是每一个人心灵之旅中必须经历的。懂得了感恩，我们的胸怀才会更宽广，学会了感恩，我们的生活才会更快乐，更幸福。

有一个年轻的小伙子，一天没有钱上网了，于是，他跑到了一个老太太的家里去偷钱。当老太太躺在床上听到有人翻动自己的房间，昏暗的光线中，老太太看到了一个年轻的小伙子，于是，她躺在床上没有动，只是很平静地说："钱在抽屉里，柜里没有。"老太太说这话的时候就好像对自己的孙子说一样，充满了慈爱。

小伙子拿了钱后准备要离去，老太太又说："收到东西怎么也不说声谢谢啊？"

"谢谢!"小伙子很自然地说了一声。突然他愣住了，他想起了自己是来偷钱的，瞥了一眼躺在床上的老太太，小伙子的心中百味交集，于是，把手中的钱拿出一些放回原处。

后来，小伙子屡教不改被警察抓到了，当警察带着小伙子来到老太太

家了解情况的时候，老太太说："那些钱是我给他的，他并没有抢。"小伙子听了之后，不由得感激，人性中美好的一面被老太太善意的谎言唤醒了，小伙子跪在老太太面前说："我以后一定要金盆洗手，改过自新，做一个好青年，您就是我的亲奶奶……"

老太太是一个懂得感恩的人，她孤独半生，都是由街坊邻居定时地过来帮忙，她更知道小伙子其实并不坏，有着一颗善良的心，他不过是因为没有家人的管教而造成了一些不良行为罢了。小伙子在老太太的心灵感召下，终于洗心革面，重新做人，从此以后，他完全变了一个人，学会了宽容和理解，懂得了感恩，用自己的实际行动来为他人和社会做着贡献。

生命对我们每个人来说都是非常宝贵的，我们追求成功的人生、追求名利双收，我们在劳累之余，不妨静下心来想一想那些曾经感动过我们，激励过我们，给过我们温暖和帮助的人和事，给自己一份动力，送自己一份温馨，让自己永怀感恩之心，感谢他人、感谢社会、感谢生活。相信，只要我们时常怀着一颗感恩之心，我们的生活一定会遍地花开，充满幸福和甜美。

人生之旅是漫长而艰辛的过程，当我们得到自己想要的生活，走向富裕和幸福后，请不要忘记沙漠中的口渴，不要忘记无鱼、无食、吃糠腌菜的三餐，不要忘记又累又饿又病的日子，更不要忘记在我们煎熬的时候，困苦的时候，那些给予我们无私的帮助和支持的人们，给过我们感动和温暖的人们，让我们永远感恩生活中的那些温暖和爱。

那些曾经感动过她，给过她温暖和爱的人，甚至那些给过她微笑的人，或许，她不知道他们的名字，但是，她依然能够做到心怀感恩，她的经历如此坎坷，承受了太多的苦难，但是，怀有感恩之心，她的生活充满了阳光和爱，她相信，这个世界会更美好。

在自己心灵的港湾，稳稳地停靠一会儿。

在自己心灵的驿站，静静地享受一会儿。

在自己心灵的夜空，深深地凝望一会儿。

在自己心灵的牧场，尽情地潇洒一会儿。

人生，不仅仅是为了赶路，更多是体味和感悟，心怀感恩，让我们的生命充满更多的甜美，让我们的生活充满更多的爱和阳光。

人生一世，活的就是一种精神。我们要适时地给心灵放个假，拥有个健康的身体，养成一种良好的心态，过着一种从容安适的生活。心灵安顿了，平衡了，丰实了，我们的人生也就快乐了，美好了，无憾了。

传递感恩接力，拉近彼此距离

俗话说"滴水之恩当涌泉相报"，感恩，其实很简单，不需要轰轰烈烈，不需要惊天动地，只需要一句话语，一个动作，一个微笑，一个眼神。怀有一颗感恩的心，比任何语言都美丽。

感恩是一种美好情怀，是一种温暖回报，它以无声的语言，拉近着心与心的距离。如果生活中，我们每个人都心存感恩，我们的世界将会多么美好啊！懂得感恩，人的灵魂才会得到升华。

当你不小心冒犯了别人，而对方的坦然一笑，感激就会像幽幽的花香流过你的心房；当你在半路遇到突然袭来的风雨，这时有人将雨伞移至你的头上，相信你的脸上也会露出感激的微笑，彼此之间的距离会迅速缩短。当你在深夜埋灯读书的时候，妻子轻轻走来为你披上一件单衣，沏上一杯热茶，你会报之以笑靥，像一缕柔风荡起心湖里爱的涟漪……

感恩像一杯清醇的酒，使人生甜醉；感恩更像是一首浪漫的诗，让我们的生命充满美丽和憧憬；感恩更是一曲动人的音乐，让我们的生活充满阳光和快乐！

我们来到这个世界，就应该感恩，感恩亲情，感恩友情，感恩师生情。曾有一对姐妹，几十年如一日地寻找当年只是给了姐妹俩一碗饭的恩人，当找到这个恩人时，姐妹俩双膝下跪，感动得多少人流泪啊！她们是为了什么，为了感恩，感激这个救命恩人。如果，一个人连感恩都不会的话，那么，他还会什么呢？

有一天，修道院附近的果农叩开了那面枣红色的厚厚的木门，然后笑盈盈地将一盘晶莹剔透的葡萄送给看门人，这让看门人很惊讶，他纳闷为什么对方会送来葡萄。

只听那果农解释说："兄弟，感谢我来修道院的时候你对我悉心的照顾，让我在这里度过美好的一天，这是我刚刚收获的葡萄，给你带来一点尝尝鲜。"这份带着惊喜的礼物让看门人感动不已，他向果农表示了他最真挚的谢意："呵呵……那都是我们应该做的，谢谢你的葡萄，这是我收到的最好的礼物！我都迫不及待地想要吃它了！"

果农听了看门人的话非常高兴，高兴地离开了修道院。果农走后，看门人把那一盘子葡萄仔细地洗了一遍，正要拿起一颗放进嘴里品尝它的滋味的时候，他又想起修道院里有一个病人最近食欲很差，如果让他吃了这刚刚收获的新鲜葡萄，也许能够帮助他改善食欲，而且这葡萄还可以给他的身体补充一些营养。

于是，端着盛着葡萄的盘子走向了病房。那个病人看到看门人手中的葡萄感到非常欣喜。看门人和蔼地对他说："这个是附近的果农刚刚收获的新鲜葡萄，给我送来了一盘，但是我觉得你最近吃的东西太少了，或许，你吃些这葡萄能够帮你带来一点食欲！"病人的眼神里充满了感谢，并告诉看门人说他将永远感谢他，就算有一天永远地离开了人世，他也会在天堂为他祈祷，让他幸福、快乐。

看门人走了之后，病人看到新鲜的葡萄忍不住要拿起来吃时，和看门人一样，他想到了日夜照顾他的小护士，这个小护士实在太辛苦了，但是，却没有一句怨言，一直在无微不至地照顾他。于是，他把葡萄放了下来，准备把这最新鲜的葡萄送给小护士吃。

病人激动地大声地喊护士，小护士一脸匆忙地跑了进来，用担忧的眼神看着他，"出了什么事吗？"病人摇摇头，对护士说："看门人惦记着我的病，特意给我送来了这盘刚刚收获的葡萄，让我品尝。由于我一直很少吃东西，如果我现在吃了可能会对我的胃造成伤害，我想还是留给你吃，谢谢你这些日子来对我无微不至的照顾。"护士说空腹吃葡萄对他不会有什么问题，坚持让病人吃，但是，护士越坚持，病人越拒绝。最后护士把

葡萄收了，走在路上，边走边想，这盘葡萄应该送给兢兢业业地为大家做饭的厨师。

于是，护士踩着轻快的脚步来到了厨房，看到正在忙碌的厨师，心里对自己的决定更加肯定了，她亲切地说："你的心像这盘葡萄一样高尚，这盘葡萄送给您，感谢您长期以来为大家提供美味的饭菜。厨师没有拒绝护士的好意，最后他又送给了修道院院长，他认为，整个修道院都要院长一个人忙里忙外的，太劳累了。

一盘葡萄就这样像接力棒一样被传来传去，最后又回到了看门人手中。看门人再一次惊奇得不知所措，于是他再没有迟疑，开始吃起葡萄来。他突然觉得，活了大半生，这次吃的是自己吃过的最鲜美的食物，因为这里面不仅仅包含了果农的辛勤劳动的汗水和心血，更饱含着整个修道院中所有人的爱和感恩！

这是一场爱的传递，也是一场感恩的传递。人们传递的不仅是一盘葡萄，更是人与人之间相互呵护与关爱的热情，是一颗颗充满着感恩的滚烫心灵。

学会感恩他人，让世界充满爱

在生活中，很多人都在为我们付出，为我们默默无闻地做事。我们感觉到了工作轻松了起来，生活变得精彩起来，孩子也不是那么淘气了……这一切都是背后的同事、父母、老师、朋友等很多人在帮助自己，在为自己的负担减轻重量。或许，在你享受幸福生活的时候，会发现有人在为你付出……我们多说一声"谢谢"，常怀一份感恩，让爱的阳光照耀身边的所有人，人生也会因此而更加美好。

古罗马的神话传说记载着这样一个故事：有一次，古罗马众神决定举办一个巨大的盛会，会上将会邀请所有的美德神参加。真、善、美、诚以及大小美德神都应邀参加这次盛会，他们之间和睦相处，谈论得十分友好，大家玩得也很痛快舒畅。

但是，盛会的主神朱庇特看到了有两个客人不肯接近，互相回避。于是向信使神秘库瑞说明了这一发现，让他去尽快弄清楚这是怎么回事，信使神立刻将这两位客人叫到一起，并给他们介绍起来。

"你们两位应该在这以前没有见过面吧？"信使神问道。

"没有，从来没有。"一位客人说，"我叫慷慨。"

"久仰，久仰！"另一位客人说，"我叫感恩。"

这个故事所包含的寓意就是：生活中慷慨的行为总是难以得到人们内心真诚的感恩。实际上，在生活中，我们每个人都在依赖着他人的奉献才能够维持每一天的生活，不过也许是我们太忙碌了，忽视了那些我们本该关注的，对我们的生活有重要影响的人和事，忘却了怀抱感恩地生活。俗话说得好："滴水之恩当涌泉相报。"如果不知道学着感恩地生活，那我们不仅会失去很多快乐，还可能会失去他人的信任。

一家著名的公司公关部在招聘一名办公室文员，有很多人纷纷前来应聘，经过层层的筛选，最后只剩下6位最终角逐者争夺唯一的名额。公司通知这6个人，得由经理层会议讨论决定聘用谁，让他们安心回去等通知，公司会在一周内通过电子邮件的形式告诉她们最终的结果。

没过几天，其中有一位姑娘果然收到了电子邮件，当她打开邮件之后发现，信是公司人事部发过来的，让她喜出望外，觉得自己一定是被录取了，但是，在她看过内容之后，她的情绪一下子跌落到了极点。信的内容是这样的：你好，经过公司研究决定，很遗憾地告诉您，您落聘了。我们虽然很欣赏你的气质、才学和胆识，但是实在是名额有限，我们不得不忍痛割爱。不过公司以后如有招聘名额，必会优先考虑您。您所递交的材料将在复印后很快地寄送给您。此外，为了表达您对本公司的支持和关注，本公司随信为您寄去本公司产品的优惠券一份，祝您好运！

这个姑娘的心里尽管非常难受，但是，看到公司寄来的优惠券，姑娘觉得无端受到人家的恩惠，更为公司的诚意所感动，于是，她顺手回复了一封简短的感谢信，而整个过程仅仅花费了她一分钟的时间。

但是，在这两天后，她再次接到了这家公司的公关部打来的电话，说是经过经理层会议讨论决定，她已经被本公司录用为正式职员。

她很是不解。后来，她问及上层主管，这才明白，原来邮件其实就是公司的最后一道考题。她之所以能够胜出，仅仅是因为比别人多花费了一分钟的时间去感谢而已。

只要我们懂得感恩，我们就能够坦然地面对人生中的磨难，在生活中，我们要常怀一颗感恩的心，这样会帮着我们顺利地通过生活中一个个的"陷阱"，从而达到成功的彼岸。只有懂得感恩，这个世界才会多一份温暖和爱，人生才会更有价值和意义。

这里还有另外一个真实的故事：

有一位学习成绩非常优异的女孩子，在经过了长达十年的苦读之后，终于考上了一所著名的大学，但是，不幸的是来自偏僻山村的她，由于家庭的贫困已经欠了学校不少的学费，入学后不久，她的父亲又因为车祸死亡，家里更是没有了经济来源，她不得不做好放弃自己学业的准备。

就在她万念俱灰的时候，在她最困难的时候，社会送给了她温暖和关爱，老师和朝夕相处的同学们都纷纷慷慨解囊捐款捐物，争先尽自己的微薄之力来帮助这个成绩优异的学生，看着身边充满了温暖和关爱的钱和物品，女孩震撼了，她甚至舍不得去用这些钱和物品，于是就把它们放在一个小箱子里，每天都会打开看看，看着这些东西，一种战胜困难的决心油然而生。

后来，她通过自己的勤奋和努力，找到了一份不错的兼职，顺利地完成了自己的学业，而后又出国留学。面对一个花季女孩难以承受的困难和重担，她为什么会有这么大的信心和勇气来呢？因为她怀有一颗感恩之心。

她说："社会给了我一切，来自身边的人、以及陌生人，他们不仅仅给予我那些物质上的帮助，更给予了我一笔宝贵的精神财富，永远烙在我的心里。我要努力学好本领，回报社会，回报我的父老乡亲。"正如这位女孩，很多人，正是有了感恩之心，生命才会时时得到滋润，才会闪烁耀眼的光芒。

对我们每个人来说，我们都是一道独一无二的风景，每个人都是世界的一个奇迹，我们无须在特定的时间特定的地点表示感谢，在很多时候，

只要我们留意观察生活，看着周围的风景，你就会感谢天地给予了我们阳光、空气、水和粮食，如果没有这些，我们将无法生存；感谢我们的父母，他们赐予了我们生命，含辛茹苦地把我们抚养成人，没有他们，就不会有我们的今天；感谢老师，他们几十年如一日，付出了青春的代价，换来我们一代又一代人地长大成才……没有他们，我们早被人生的泥泞困住；感谢我们的朋友，我们的爱人，陌生人……

我们需要感恩的实在是太多了太多了……

有位名人曾经说过这样一句话："我们关心的远比我们知道的少，我们知道的远比我们所爱的少，我们所爱的远比我们所能爱的少，就这一点来看我们表现得远比真正的我们少。"让我们怀着感恩生活吧，用更多美好的东西奉献给社会；拥有一颗感恩的心，我们会更加珍惜我们所拥有的，我们所身处的环境；带着感恩上路，让我们永远对这个世界充满爱，永远对生活充满希望，那么我们的生活也会充满阳光，我们的人生将会更完美、圆满。

让我们怀有一颗感恩之心吧，拥抱这美丽的世界，回报那些帮助过我们、温暖过我们、感动过我们的人。因为感恩，我们的世界多了一份美好；因为感恩，我们的周围充满了温暖和爱；因为感恩，我们更加珍惜我们的生命和生活。心怀感恩，无须刻意地回报，让我们从身边的人和事做起，对那些默默地为我们做出贡献的人道一声谢谢，对那些需要帮助的人伸出援助之手，让生活变得更加和谐美好。

懂得感恩精神，生活才会美好

感恩是一种处世哲学，是生活中的大智能。人生在世，不可能一帆风顺，种种失败、无奈都需要我们勇敢地面对、旷达地处理。这时，是一味埋怨生活，从此变得消沉、萎靡不振？还是对生活满怀感恩，跌倒了再爬起来？

我们每个人都无法回避地会遇到诸多的磨难，很多时候，我们甚至会活得很辛苦，失意和挫折会充斥着我们的生活：要生存，要吃，要穿，养

活自己，养活家人；有的人可能要等着评职称，晋级，涨工资，买房子；有的人还要应对高考落榜，下岗失业，病痛折磨等种种不测。然而，这一切并不可怕。只要我们能够以一颗坦然的心来对待，并且通过我们的努力来改变这一切，我们的苦难就会成为过去，我们终将迎来新的生活。但是，对我们来说，比受到磨难更可怕的是，有那么一天，我们对生活失去了热情，我们的生活变得索然无味，我们的人生没有了期待和惊喜，更没有了感动和温暖，那对我们来说，恐怕是最糟糕的事情。

有的人，拥有一份不错的工作，一个很温馨的家庭，孩子聪明乖巧，父母身体健康，经济状况也不错，也有很多好朋友，但是，依然会觉得生活中有很多烦恼，那只能说明这个人不懂得知足，不会感恩。在如今世界上，依然存在着饥饿，依然有很多人穿不暖吃不饱，依然有很多人在为失去健康而受尽折磨，有很多人没有可以遮风挡雨的房子，有很多人甚至在夜晚的时候没有灯光照明……所以，如果你衣食无忧，你就应该拥有一颗"感恩"的心。用心感受平凡中的美丽，我们就会以坦荡的心境、开阔的胸怀来应对生活中的酸甜苦辣，让原本无味的生活焕发出迷人的光彩。

感恩是一种生活态度，一种善于发现生活中的美和善的道德修养。人生在世，不如意事十有八九。如果我们执着于这种"不如意"之中，终日惶惶不安，那我们的生活必定索然无味。

我们要懂得珍惜，学会感恩。其实很多时候，能够安心地做工作，能够平静地生活，就是一种幸福。每一份工作都有它的乐趣之处，每一种生活都有它独特的魅力。

10个名牌大学的毕业生到某部实习参观，面对部里给他们倒水的秘书，10个大学生中有9个面部毫无表情，甚至连一句普通的客气话都没有说，唯独有一个大学生看到给他们倒水的秘书额头都沁出了汗珠，面带微笑地轻声说："谢谢，大热天，辛苦你了。"

实习结束后，部长亲自给他们送行，并亲自赠送纪念册。部长连续给几个人颁发了纪念册，但是场面一直非常冷清，那些大学生居然又没有一个人跟部长道谢，弄得部长倒有些尴尬。在部长就要失去耐心准备离开的时候，又是这位同学礼貌地站起来，身体微倾，双手接过纪念册，并恭敬

地说了一声："谢谢您！"

后来在大家都着急找工作的时候，这位同学接到了部长的工作邀请函。这连他自己都感到非常惊讶，因为他的学习成绩在他们10人中并不突出。

很多时候，我们需要做的也许就是说一声"谢谢"，表达我们的感激之情。生活因为了有了感恩才会美好，我们因为懂得了感恩才能够体会到世界的温暖和爱。心怀感恩，不管我们做什么工作，做什么事情，我们的生活都会因此而充满阳光，世界才会多一份美好和温暖。

有一天，俄国作家索洛古勒在拜访列夫·托尔斯泰时说："您真幸福，您所爱的一切您都有了。"托尔斯泰说："不，我并不具有我所爱的一切，只是我所有的一切都是我所爱的。"

如果我们都能够像托尔斯泰说的那样"我所有的一切都是我所爱的。"怀有一颗感恩之心，感谢生活的赐予，我们的生活才会有更多的快乐，我们的生活才会更美好！

如果你有一颗感恩之心，生活便会在你的眼里变得越来越美好。我们或多或少都曾得到过生活的恩惠，接受过他人无私的帮助，但是，我们是否用心记住了这些呢？并且因此而多了一份感恩之情呢？

感恩让我们有意义地活着。感恩生活所给予的一切吧，只有感恩，我们才会获得更多的快乐，只有感恩，我们的生活才会更美好。感恩让我们不再抱怨，感恩让我们懂得珍惜。怀有一颗感恩之心生活，我们就会时时处处感受到温暖和关爱，生命也会因此而美丽。

人活着，应该学会感恩，感恩世界教你的一切，学会感恩，世界很好，世界很美……

付出就有回报，储蓄人生幸福

俗语说："送人玫瑰，手有余香。"奉献爱心可以体现人性的美好，同时也是一种处世哲学和快乐之道。有位哲人说过："人活着应该让别人因

Chapter 5
这辈子，用感恩让世界充满爱
91

为你活着而得到益处。"学会给予、付出，你就会体会到乐善好施，不求任何报酬的快乐与满足。付出一份爱心，收获一份快乐与希望。在别人困难的时候，伸出我们援助的双手，在你为难之际，才会得到更多的帮助。

有付出总会有回报。对他人做了善事，总能得到加倍的回报。帮助别人，其实就是帮助自己，与人为善，与己为善。当我们付出的时候，本身就体验到了生命的意义与快乐。只有付出自己的真心，用心交换心，才会得到他人的帮助，与人方便，自己方便。你对别人慷慨解囊，你也会收到别人的无偿回报。奉献和给予让这个世界变得美好。

有一个这样的故事。

有一个人在沙漠中旅行，途中遇到了暴风沙，迷失了方向。几天后，干渴让他越来越看不到希望。沙漠仿佛是一座极大的火炉，要蒸干他全身的血液。正当他处于绝望中的时候，他意外地发现了一个废弃的小屋。他用尽最后的力气，拖着疲惫不堪的身体爬进了堆满枯木的小屋。

仔细一看，枯木中隐藏着一架抽水机，他感到非常幸运，于是拨开枯木，用抽水机开始抽水。但是，很长时间过去了，他没有抽出半滴水来。当绝望再一次袭上他的心头时，他无意中看到抽水机旁有个小瓶子，瓶口用软木塞堵着，瓶上贴了一张泛黄的纸条，上边写着：你必须用水灌入抽水机才能引水！不要忘了，在你离开前，请再将瓶子里的水装满！

他拨开瓶塞，看着满瓶救命的水，他的内心深处爆发了一场战争：喝掉这瓶水还是把这瓶救命水倒进抽水机？他知道，如果他喝掉了这瓶水，他或许不能活着走出沙漠，但是，他至少可以活着走出屋子。但是，如果他把瓶中唯一救命的水倒入抽水机内，或许能得到更多的水，但万一汲不上水，他就会葬身在这间小屋中……

最后，他终于下定决心，将整瓶的水全部灌入那架破旧不堪的抽水机里，然后，用颤抖的双手开始抽水……很快，水真的涌了出来！这让他感到万分惊喜。他痛痛快快地喝了一顿，然后把瓶子装满水，用软木塞封好，然后又在那泛黄的纸条后面写上一句话：相信我，这绝对是真的。

几天后，他终于穿越了沙漠。在他以后的有生之年，每当回忆这段生死历程的时候，他总要告诫后人：在取得之前，要先学会付出。

可见，学会付出是我们获得人生快乐乃至寻求成功的过程中必须遵守的一条基本准则。在当今这样一个合作的社会中，人与人之间更是一种互动的关系。只有我们首先学会付出，才能有所收获，一个不懂得付出的人，只能让自己的收获越来越少。

还有另一个故事。

有一个年轻人，只身来到了一座陌生的城市。身上带的钱很快就要花完了，他心灰意冷，终日食不果腹，一天他去一户人家准备讨要一点吃的。当他敲开门，迎来的是一张笑脸，开门的是一个年轻的女人。

女人看到他的样子，问他："您有什么需要帮助的吗？"

本来打算要点吃的他，面对眼前这个真诚善意的女人，突然难以启齿，于是说道："能不能给我一杯水解渴？"

女人看到这个年轻人的神色，请年轻人进屋里，给年轻人倒了一杯热牛奶。年轻人非常感动地说："谢谢您！"

女人依然保持着不变的笑容，说道："不用客气，就是一杯牛奶。"

年轻人喝完牛奶之后，跟女人道别后离开了。一个笑容，一杯牛奶，从那之后就成为年轻人继续在这个城市活下去的动力。

多年后，年轻人成为了一家医院的主治医师。一天，在检查病例的时候，发现一个女人得了一种罕见之症，做手术需要花很多钱。但是，这个女人的家人却迟迟没有交款，当他从病人的病例上看到家庭住址时，多年前那张充满笑容的脸浮现在他的脑海。

这个病人正是当年给予年轻人一杯热牛奶的那个女人。

不久之后，女人手术成功，身体很快恢复了健康。当她在为高昂的医药费用担忧的时候，护士给她拿来了医药单。女人一看，吃了一惊，有人已经为她付过医药费了。想想自己的家里因为自己的病已经是一贫如洗，又哪里有钱来做手术呢？女人看到医药单的底部写了一行字："多年前一杯热牛奶的人情抵去全部的医药费"。

帮助别人就是强大自己，帮助别人也就是帮助自己，别人得到的并非是你失去的。生活就像山谷回声，你付出什么，就得到什么；你耕种什么，就收获什么。在一些人固有的思维模式中，帮助别人，自己就要有所

牺牲；别人得到了，自己就一定会失去。比如你帮助别人提了东西，你就会耗费了自己的体力，耽误自己的时间。其实很多时候，帮助别人并不意味着自己吃亏。如果你帮助其他人获得他们需要的东西，你也会因此而得到想要的东西，而且你帮助的人越多，你得到的也越多。为别人做好事不是一种责任，而是一种快乐。

付出才有收获，不劳而获的事情太少太少。即使幸运之神光临你的身边，你在取得之前，也是要先学会付出。人生中，在通往成功和富足的路上，我们往往并不是缺少机遇，而是无法好好地把握它。生活会以多种方式给予你无尽的快乐，只是有些人对此有谬解，总以为只有从生活中索取才能使一个人快乐，只是想着得到。其实不然，站在生活这一朴实的课题面前，我们应该明白一个道理，那就是给予比取得更令人快乐。

人生之旅也是这样，不管我们追求成功也好，幸福也好，我们首先要做的就是学会付出！我们一生是否快乐、是否成功，并不是由财富的多少来决定的。由衷的快乐是来自你的付出，肯让你周围的人都能因为你的快乐而快乐，这才是一个人应有的真正的快乐。

因为有爱支撑，所以选择牺牲

爱有着伟大的力量，可以让人不顾暴风雨的袭击，不顾宝贵生命的逝去，甘心情愿地为他人付出。

当子正要走进他的店门时，发现有个小女孩坐在路上哭，他走到小女孩面前问她说：

"孩子，为什么坐在这里哭？"

"我想买一朵玫瑰花送给妈妈，可是我的钱不够。"孩子颤颤地说着，他听了感到心疼。

"这样啊……"于是子正牵着小女孩的手走进花店，先订了要送给母亲的花束，然后给小女孩买了一朵玫瑰花。走出花店时他问小女孩，要不要他开车送她回家。

"真的会送我回家吗？"

"当然啊！"

"那你送我去我妈妈那里好了。可是叔叔，我妈妈住的地方离这里还很远。"

"早知道我就不答应你啦。"他开玩笑地说。

他照小女孩指的方向一路开了过去，没想到走出市区大马路后，顺着蜿蜒的山路前行，竟然来到了墓园。小女孩将花放在一座新坟旁边。原来，她是想给一个月前刚过世的母亲献上一朵玫瑰花，并为此走了很远的一段路。

他将小女孩送回家中，然后再度返回花店。他取消了要寄给母亲的花束，而改买了一大束鲜花，直奔离这里有 5 小时车程的家乡，亲手将花献给妈妈。那一刻，他看到一生当中母亲最为激动的情景。

世界上永远有着两个人，一直都视你为全部的生命与无价的宝贝，不美丽也不出众的你，是他们眼中最灿烂的玫瑰。他们就是一直为你奉献着的父母。所以，恐怕没有哪一个节日能像父亲节、母亲节这样能获得我们深刻的心灵共鸣了，因为它包含的是一种超越任何时空、语言、肤色等等的普世情感，那就是一种对父母血脉相连的关爱情怀。

我们曾经都梦想着自己能快快长大，离开父母，有多远走多远。因为外面的世界很精彩，家是最大的负担，所以要在远方寻找无限的自由。可是后来，自由是寻找到了，心却陡然地苍老起来，开始渴望一种熟悉而安全的关爱，那是父母的爱。可往往是，子欲养而亲不待了。

父母从不奢望我们有多少财富能拿来享用，只希望我们能够快乐，能够常常陪在他们身边，有耐心听听他们的唠叨和责怪，能将自己的成就与他们分享，让他们觉得作为我们的父母很自豪，很骄傲。这些，就是他们最大的快乐。为什么不从现在就开始对父母心怀感恩呢？只有心怀感恩，才能时刻记住回报父母，关怀父母，就像小时候被他们关爱一样。千万不要等到成家立业后才想起他们，这只会留下大半辈子的愧疚和悔恨。就算是在生与死的瞬间，我们的父母首先想到的，永远都是自己的孩子。用行动感恩我们的双亲，为我们付出那么多的父母。

央视曾播出过这样一则公益广告：一个大眼睛的小男孩吃力地端着一盆水花四溅的洗脚水，用稚嫩的嗓音对妈妈说："妈妈，洗脚。"许多人看了以后眼睛都是湿湿的，心里却是甜甜的。这正是我们中国要向世人推崇和弘扬的传统美德，是一种以孝为先的孝道，也是一种感恩父母的具体行动。

在很久以前，藏北有一个老猎人。一天，他从帐篷里出来准备去打猎。忽然，他发现在不远处的草坡上站着一只肥美无比的藏羚羊，于是非常迅速地举起杈子枪瞄准准备射击。就在这时，一件奇怪的事情发生了：藏羚羊并没有马上逃跑，而是用祈求的眼神平静地望着老猎人，并冲着老猎人前行几步，突然，两条前腿扑通一声跪了下来，两行晶莹的液体从它眼里流了出来，那是动物的眼泪。老猎人不由得心头一颤，想放过羚羊。但是作为一个老猎手，是不能被动物求跪的样子打动的，于是他闭上眼睛，狠狠心还是振动了猎枪。藏羚羊呈跪卧姿势倒地，流出的泪痕清晰可见。

这一次老猎人没有像往常那样立即把藏羚羊破膛剥皮，整整一夜，老猎人都辗转难眠，总感觉这只藏羚羊就默默地站在自己的眼前流泪。为了平息自己的愧疚和不安，他决定扒开那只藏羚羊看个究竟。腹腔被打开了，老猎人被惊呆了：藏羚羊的子宫中，静静地躺着一只已经成型的小羚羊。

老猎人默默地将母羚羊连同她的孩子一起掩埋，同葬的还有跟了他几十年的那支杈子枪。这是在藏北流传的一个古老的故事，藏羚羊艰难地弯下笨重的身子给猎人下跪，就是为了保住自己肚子里的孩子。真的是太不可思议了。

还记得鳝鱼的故事吗？有个人将一锅鳝鱼放入冷水里慢慢煮，等到水沸腾后居然发现有一只鳝鱼的姿势非常奇怪：它的头和尾部都在水里，整个肚子却是隆出水面的。剖开来看，原来这只鳝鱼的肚子里是满满的鱼籽。因为它害怕自己的孩子们在沸水中死掉，便用全身的力气去撑起肚子不让它靠近热水……

在人类的世界里，父母对孩子的爱永远都是无私的，永远都想把最美

好的一切留给孩子。可是，从"代沟"这个词开始，很多孩子都梦想着自己快快长大，离开父母，有多远走多远。

用感恩的心灵，营造爱的世界

人生的道路曲折坎坷，不知有多少艰难险阻，甚至要遭遇失败和挫折。在危难时刻，有人向你伸出温暖的双手，解除生活的困顿；有人为你指点迷津，让你明确前进的方向；甚至有人用肩膀、身躯把你擎起来，让你攀上人生的巅峰……最终，你战胜了苦难，到达了幸福的彼岸。对此，你难道不心存感激吗？如果我们时时能用一颗感恩的心来看这个世界，你会发现这个世界其实很可爱、很精彩！

现实中，有些人面对幸福的生活时常常迷失了自己，总觉得自己付出得太多，获得得太少，甚至对生活充满怨恨。其实生活中值得我们感恩的实在是太多了，我们真的应当怀着一颗感恩的心来看待这个世界，看待生活中的一切。

一天清晨，在一个平凡而贫困的家庭里，早晨的阳光如利箭般穿透了薄薄的窗纱，射到了墙上。家里的小男孩早就醒了，但他没有做声——他不愿意惊醒早已疲倦不堪的父母，因为他们还在沉沉地酣睡。

其实，他的父母也早就醒了，只不过他们不愿面对儿子失望的眼睛。因为今天是11月的最后一个星期四——感恩节。可是，他们没有能力准备任何节日的礼物与食物。

丈夫想：如果能放下脸皮，去当地慈善团体看一下，或许能分到一只火鸡过节。但他做不到这一点。

生活太贫困了，他们又觉得去行乞很可怜，这个感恩节对他们来说，简直就是一种折磨。几个小时后，夫妻俩终于硬着头皮起床了。丈夫没有好心情，妻子当然也是唉声叹气的。

就在一家人陷入深深的难过之时，突然响起了一阵敲门声。男孩跑去开门。门外站着一个高大的男子，他满脸笑容，手里提着很多东西，火

鸡、罐头，应有尽有，都是过节的必需品。一家人惊讶地看着他。那人说："这些东西是一位知道你们有需要的人让我送来的，他希望你们知道，在这个世界上，始终有人在关怀并深爱着你们。"

一颗懂得感恩的心，一个甜美的笑容，一句简短的问候，尽管都是最细微不过的表现，但日久天长，它们所带给你的回报会远远超出你的想象。

温柔对待家人，维护和谐家庭

"你能不能快点儿啊?！一个大男人这么会磨蹭，像个老太婆!"便利商店内，妇人对抱着儿子选购饮料的丈夫叫喊着，转过身却软了嗓："先生，请帮我挑三个茶叶蛋，要入味一点儿的喔!"类似的情景我们应该常看见。

不管怎样，每次都自然得很。然而，对待别人，人们自然而然都会礼貌应对，即使只是一面之缘，也希望留给对方好印象。情形就是这样的不同。对待外人，谁会不顾及自己的面子，不礼貌以待呢?而对待家人，我们却习惯成自然地不太礼貌，缺少温柔，不是大呼小叫，就是懒得搭理。这是因为有特殊关系，又太过于熟悉，怎样说怎样做都无所谓了。

比如，丈夫在外健谈又活跃，被公司的女同事们封为幽默高手。而回到家后，却成了自闭症患者，不是盯着电视，就是看着报纸，对妻子说的话充耳不闻，要么直接斥喝闭嘴。观察发现，这样"里外不一"的情形在多数人身上、多数家庭里都会发生，或是常有。

其实这种心态往往会破坏家庭的幸福和美满。对同事和气，可增进工作场所的融洽；对朋友体贴，可扩展自己的人际关系；对上司尊重，有利于自己的前程。那么，对家人和气，也可以增进家庭的融洽；对家人体贴，也可以让关系更亲密；对家人尊重，也可以使生活充满欢喜。与家人的关系，是这世上最该珍惜的情感!可是许多人都忽略了。

一名死刑犯临死前说："我很敬爱我爸爸!但是我却从没对他这样说，

我总是反叛他，不理他的教训，在他指责我时瞪着他，其实我很爱他。很感谢爸爸从来没放弃我。但我这一生，自懂事以来，只在他快要病死的时候抱过他一次，也就只这一次我没惹他生气！"你呢？还是以坚决的口气朝妈妈要钱吗？还会命令爱人给你洗袜子吗？或是仍习以为常地训斥孩子吗？这样不行！赶快换个口气和态度表达吧，绝对会有新的感受与所得。这样你的心情、精神和所有的一切都会变得好起来。

我们似乎已经习惯了没有礼貌，不会温柔的对待亲人，不是大呼小叫，就是懒得搭理。却不知道这样做对养育我们的父母亲人有多大的伤害。赶快停止这样愚蠢的做法吧，就算是为了你自己的幸福。

父爱有种力量，让人勇气倍增

在一个小房间工作了一整天后，年轻人疲惫到了极点，他只想尽快回家好好休息，准备第二天的工作。

走向电梯时，他突然听见尖叫声，看见如波浪般的黑烟和火焰在走廊出现。各种意念接连闪过他的脑际，他意识到：这座楼失火了，而自己专心工作，一点都没有觉察到。他惊慌地向四周一望：走廊里黑烟铺地，几乎什么也看不见，火焰也离自己越来越近。

照他看来唯一的生路就是走廊了，可也已被火焰吞噬，根本不可能通行。他听见救火车的警铃声，他强迫自己冷静下来，想起办公室旁边是一列高大的窗户，他一面捂着嘴，一面摇晃着走向窗户，企图赶快逃离。

但当他往下看，只见一道烟幕遮盖着地面。透过火焰和烟雾，他明白一批群众已经聚集在下面，连同消防员一起，他们都在向着他喊着："跳下来！跳下来！"

从六楼上往下看，发现人们都显得那样小。年轻人觉得自己被恐惧所笼罩。他想："从这么高的地方跳下去，不死也只剩下半条命，还不如烧死在楼上呢！"此时，从扩音器中他听见大概是消防员的声音："你唯一的生路是往下跳，我们会用救生网把你接住，你会很安全的。"

群众继续呼叫，年轻人看不见网，也没有勇气往下跳。他认为，即使有救生网，自己也会受伤，皮外伤没关系，若弄成残疾，那自己以后如何生活？他这样犹豫着，感到自己的双脚似乎已经粘在了地上。

忽然，扩音器传来他熟悉的声音："孩子！没问题的，你可以跳下来。"父亲的声音传来，他一下子轻松了许多，觉得自己的双脚可以松开了。父子连心，父子之间早已建立起来的信任，使胆怯的人有勇气面对突然而至的灾难，在危急时刻使自己得到保全。父爱、母爱的力量都是巨大的，它使人勇气倍增、不再畏惧。

鲜花献给母亲，感恩母爱一生

那个风雨中的小男孩手捧着一束鲜花，一步一步地缓缓前行，他忘记了身外的一切。在他的前方是一块公墓，而在那乞讨的屈辱和失望背后，在那又瘦小又肮脏的身体中，所隐藏的却是对母亲的揪心牵挂，一颗忘怀一切的感恩之心！午后的天灰蒙蒙的，风没有一点到来的消息。乌云压得很低，似乎要下雨。就像一个人想要打喷嚏，可是又打不出来，憋得很难受。

多尔先生情绪很低落，他最烦在这样的天气出差。由于生计的关系，他要转车到休斯敦。车站周围的一切他都最熟悉不过了。他一年中大部分时间是在旅途中度过的。他厌倦了这种奔波的生活，他着急见到的是上小学的儿子。一想起儿子，他浑身就有力量。正是由于自己整日漂泊，妻子和儿子才能过上安逸的日子，儿子能上寄宿学校，接受良好的教育。想到这些，他的心情舒畅了一点。开车的时间还有两个小时，他随便在站前广场上漫步，打发着时间。

"太太，行行好。"一个稚嫩的声音吸引了他的注意力。循声音望去，他看见前面不远处一个衣衫褴褛的小男孩伸出鹰爪般的小黑手，随着一位贵妇人。那个妇女牵着一条毛色纯正、闪闪发亮的小狗正急匆匆地赶着路，生怕小黑手弄脏了她的衣服。"可怜可怜我吧，我已经三天没有吃东

西，给一美元也行。"考虑到甩不掉这个小乞丐，妇女转回身，怒喝一声：
"滚！这么大点儿小孩就学会做生意！"小乞丐站住脚，满脸的失望。真是
缺一行不成世界，多尔先生想。听说专门有一种人靠乞讨为生，甚至还有
发大财的呢。还有一些大人专门指使一帮孩子乞讨，利用人们的同情心，
说不定这些大人就站在附近悄悄观察呢，说不定这些人还是孩子的父母。
如果孩子完不成定额，回去就要挨处罚。不管怎么说，孩子是怪可怜的。
这个年龄本来该上学，在课堂里学习。这个孩子跟自己的儿子年龄相仿，
可是……这个孩子的父母太狠心了，无论如何应该送他上学，将来成为对
社会有用的人。多尔先生思忖着，小乞丐走到他跟着，摊着小脏手："先
生，可怜可怜吧，我三天没有吃东西了。给一美元也行。"不管这个乞丐
是生活所迫，还是欺骗，多尔先生心中都难以抵挡的一阵难过，他掏出一
枚一美元的硬币，递到他手里。"谢谢您，祝您好运！"小男孩金黄色的头
发都连到了一块儿，全身上下只有牙齿和眼球是白的，估计他自己都忘记
上次洗澡的时间了。树上的蝉在聒噪，空气又闷又热，像庞大的蒸笼。多
尔先生不愿意过早去候车室，就信步走进一家鲜花店。他有几次在这里买
过礼物送给朋友。卖花姑娘认出了他，忙打招呼。"您要看点什么？"小姐
训练有素，礼貌而又有分寸。她不说"买什么"，以免强加于人。

　　这时，从外面又走进一人，多尔先生瞥见那人正是刚才的小乞丐。小
乞丐很是认真地逐个端详柜台里的鲜花。"你要看点什么？"小姐这么问，
因为她从来没有想过小乞丐会买。

　　"一束万寿菊。"小乞丐竟然开口了，"要我们送给什么人吗？""不
用，你可以写上'献给我最亲爱的人'，下面再写上'祝妈妈生日快
乐！'""一共是20美元。"小姐一边写，一边说。小乞丐从破衣服口袋里
哗啦啦地掏出一大把硬币，倒在柜台上，每一枚硬币都磨得亮晶晶的，那
里面可能就有多尔先生刚才给他的。他数出20美元，然后虔诚地接过下面
有纸牌的花，转身离去。这个小男孩还蛮有情趣的，这是多尔先生没有想
到的。

　　火车终于驶进了站台，多尔先生望着窗外，外面下雨了，路上已经没
有了行人，只剩下各式车辆。突然，他在风雨中看见了那个小男孩。只见

他手捧鲜花，一步一步地缓缓前行，瘦小的身体更显单薄。多尔看到他的前方是一块公墓，他手中的菊花迎着风雨怒放着。火车撞击铁轨越来越快，多尔先生的胸膛中感到一次又一次的强烈冲击：在那乞讨的屈辱和失望背后，在那又肮脏又瘦小的身体中，所隐藏的竟然是对母亲的揪心牵挂，一颗忘怀一切的感恩之心。他的眼前已下起了模糊的雨。

陌生人的温暖，让生活更美好

"孩子，你要买上帝做什么呢？"男孩流着眼泪难过地告诉老人，他叫邦德，父亲很早就去世了，他是被叔叔帕特鲁普抚养长大的。叔叔是个建筑工人，前不久从脚手架上摔了下来，至今都昏迷不醒，医生说只有上帝才能救他。

邦德想，上帝一定是种非常奇妙的东西，要是能把上帝买回来，叔叔吃了，伤就会好了。老人眼圈也湿润了，问孩子："你有多少钱？""1美元。""孩子，现在上帝的价格正好是1美元。"老人接过硬币，从货架上拿了一瓶"上帝之吻"牌的饮料说，"拿去吧，孩子，你叔叔喝了这瓶'上帝'，就会好了。"邦德喜出望外，将饮料抱在怀里，高兴地跑回医院。一进病房，他就开心地叫嚷道："叔叔，我把上帝买回来啦，你很快就会好起来了！"几天后，一个由世界顶尖医学专家组成的医疗小组来到医院，对帕特鲁普进行了会诊，并采用世界上最先进的医疗技术，终于治好了帕特鲁普的伤。

帕特鲁普出院时，看到医疗费账单上的那个天文数字，差点儿被吓昏过去。但是院方告诉他，有个老人早已帮他把费用结清了。那个老人是个亿万富翁，从一家跨国公司董事长的位子上退下来后，就隐居在本市，开了家杂货店消磨时光。那个医疗小组也是老人花钱聘请来的。

帕特鲁普激动不已，他立刻和邦德前去感谢老人。可是老人已经把杂货店卖掉，出国旅游去了。后来，帕特鲁普接到一封信，是那个老人写来的。他在信中说："年轻人，您能有邦德这样的侄儿，真是太幸运了。为

了救您，他拿1美元到处购买上帝……感谢上帝，是他挽救了您的生命。但是真正的上帝是人们的爱心！"

中央电视台曾播出过一期名为《感恩之旅》的节目，故事是这样的：一对父子相依为命，为给身患绝症的儿子治病，父亲花光了所有的积蓄，甚至卖了房子。就在这对父子走投无路之时，来自全国各地的好心人向他们伸出了援助之手，帮助他们渡过了难关，让儿子的病情得以控制。面对陌生人的帮助，儿子突然有了一个想法：在自己剩下不多的时间内，亲手向每一个帮助过自己的好心人献上一束鲜花，说声"谢谢"。于是，父子二人驾驶着一辆三轮车开始了为期数载，遍及全国的"感恩之旅"。在这段旅途中，他们在感谢别人的同时，也得到了更多陌生人的帮助。

感恩，是生活中的大智慧。常怀感恩之心，我们也会愿意给予别人更多的帮助和鼓励，对落难或者绝处求生的人们爱心融融地伸出援助之手，而且不图回报。我们要更加感谢那些有恩于我们却不求回报的每一个陌生人，正因为他们的存在，我们才有了今天的喜悦和感动……

在人的一生中有太多的东西值得我们感恩，有太多的理由让我们去微笑着面对一切磨难。

怀一颗"偿还"的心，永远记得报恩

在生活中，许多人常常抱怨上帝对人的不公：我没有更高贵的出身，没有更漂亮的外表，没有更炫人的学历；更令人气恼的是，我付出了百倍于人的努力，然而我得到的，却总比别人的少。生活待人为什么总是那么偏心呢？当我渴望成功时，我遭遇的却总是失败；当我渴望荣耀时，我所得到的却总是寂寞；而当我渴求金钱时，我所得到的却仍是贫穷。

对于日日沉浸于世界的美丽怀抱中，享有了那么多的喜悦和幸福的我们来讲，世界给予我们的已经太多，而我们回报给世界的，却是太少。我们都对世界欠了一笔巨大的心债，然而我们却利用了世界的慷慨，至今仍继续索取而拒绝偿还。为此，难道我们不应感觉到愧疚不安吗？

我们匆匆地来，匆匆地走，匆匆地活着。当我们拥有时，我们总是埋怨自己得到的太少，缺乏的太多。当我们失去时，我们只记得自己一无所有，却忘记了我们曾经拥有过许多美好的事物。在这种"贪婪"的心态中生活久了，我们就会觉得：没有我们欠世界的道理，只有世界欠我们的。直到有一天，我读到下面一个震撼心灵的故事时，才忍不住静心沉思许久。

修女安已在修道院生活了 50 年，但至今辽阔的大海仍令她惊叹，令她心醉神迷。安是个太简朴、太平凡不过的女人，没有一个至爱亲朋，也没有谁关心和热爱她。她年幼时就被领进了修道院，从来没有家，也没有父母。她总是别人吩咐做什么就做什么，所以最劳苦的活儿总会搁到她肩膀上。数不清多少年了，她一直负责擦洗那些硕大而肮脏的锅、壶、盆、罐。奇怪的是，多年的辛劳并没有消损她的精神，反而使她的精神充满了力量。安并非天生强壮，年幼时她十分孱弱。为帮着促进她发育，她被安排在阳光充足的菜园里干活。随着时间的流逝，她越来越喜爱她精心培育的那些绿色植物。当嫩绿的幼苗破土而出时，她的心便会兴奋不已。对菜园的热爱开阔了她的心海，四周的大自然——田野、树林、动物和白云，无一不令她欣喜和沉迷。她年轻时，总想向人倾诉这种喜悦和陶醉的感受，但似乎谁也不能理解，也没有人认真听她的话。于是，她渐渐沉默了，变得沉默而谦卑，对他人怀着善心和敬意，觉得大家都比她强。不论读经，还是做漫长的祷告，都是她心力难及之事。她天生不擅劳心，又拙于言语，做祷告也很艰难。但她觉得自己已拥有了太多的欢乐，满怀幸福却无法与人分享，她觉得于心不安。平静的岁月就这样流逝着。终于，有一天安遇到了一件事。

她一生中重大的时刻来临了。那是个炎热、晴朗的夏日。修道院派安去给山下一个老渔翁捎个口信，但渔翁不在家。在返回山上的途中，她来到一处可眺望大海的地方。她从没见过像今天这样湛蓝的海水，船帆像今天这样洁白。痴迷的她向地平线方向眺望了很久。就在她将要离开时，她忽然发现距海滩一里远的礁石上躺着一个人。安急忙来到海滩，鞋也没有脱就趟进海水，向那人走去。到跟前时，她看出那是个 16 岁左右的男孩，

长着金黄色的头发，又高又瘦。他一动不动地躺着，头上有一道很深的伤口。她听了听他的心脏，依旧活着。于是她坐在他身边，帮他洗净伤口。他是那样年轻，皮肤像婴儿一样光滑。她想背他上岸，但他太重。怎么办呢？渔翁家里空无一人，修道院又太遥远，她不可能在海潮涌来之前去修道院叫来帮手。

最后她脱下身上的长袍，垫在男孩的头下。她又听了听他的心脏，想唤醒他，却做不到。她便开始祈祷上苍。海水逐渐涨上来了，她已打算和男孩一块儿死了。就在这时，男孩发出一阵咕哝声，片刻后他苏醒了，向四处望了望，居然坐起来了。"你得赶快游到岸上去，"安说，"海潮就要来了。如果你待在这儿，会被淹死。如果你现在游，还能赶到岸上。"他挣扎着站了起来。

"你必须游。"安重复说了一遍。

"我……我的头一定被礁石撞伤了。你怎么知道我在这儿的？"

"我路过这儿，看见了你，那会儿水还不深。"

"你，你不会游泳？"

"噢，不会。"

"你本可独自上岸的，却一直待在这儿看护我？你不知道海水会淹上来吗？"

"我老了，日子不长了，你还那样年轻，还有母亲……"

那男孩跪下来向岸上望去，仿佛在目测距离。

"把你的鞋子脱下来好吗？"男孩说。

她看着他，仿佛不明白。他是个游泳好手，但如果穿戴太重……她立刻照他说的办了。那天晚上，修道院十分热闹，但安却很平静。她坐在窗前，希望别人离去后她好观赏明月爬上山头。修道院院长和牧师亲自来看望她，说了许多佳言妙语，但她大都听不懂。整个修道院闹哄哄的，因为，修女安救了个富翁、名人的儿子，连名人本人都要来看她。他的巨大财富和名望使安受到惊吓，但他是个温和的人。

他很想知道，为什么这位老妇人愿冒死救他儿子。儿子讲述的遭遇深深感动了他。

Chapter 5
这辈子，用感恩让世界充满爱
105

他温和地向安提了些问题。是否是宗教熏陶所致？不是。是否她感觉到某种责任？不是。那是什么呢？是否她感到生活孤寂和空虚，所以她宁愿死呢？不，更不是。他沉默良久，坐在那儿沉思良久，想悟出一个根本的原因。夜色越来越浓了。"月亮就要升起来了，"安想，"现在，它一定照耀在树梢上了。"这时，那位名人无意中说了一句赞美山谷里那些美丽树木的话。

安这时扬起头说："它们现在正是最繁茂的时候。"名人突然悟到了什么，赶忙问安说："在你看来，那些树林和月色同样也是太美了？"

名人的问话这下才问到了点子上。安用不太完整、不太连贯的句子，向那位名人描述说：一直以来，她都觉得，这世界的田野、树木、蓝天、白云、大海、帆船、阳光、月色……这世界的一切，都太美，太令人陶醉了。她享有了那样多的喜悦和幸福，却一直没有向这世界回报点什么，为此她深感愧疚，觉得欠这世界太多。这心债在她心里生长，她不知该如何偿还它。当她看见礁石上的男孩时，她同时也发现，偿付心债的机会终于来了。如果她可以救他的命，或在救他之时牺牲了自己，她就可偿付了欠这世界的心债。

名人这下就全明白了，他对安感叹说："生命的价值是语言所无力描述的。你以自己微薄的力量，奉献了一份最伟大的礼物。尽情地享受美好的人生吧。当你明天看见旭日照耀海面时，你就可以对自己说：'如果没有我，这世界就会少一人欣赏这瑰丽的旭日了！'"

如果每个人都缺乏一颗"偿还"的心，那么，这世界最终或许便无法给予了。

感恩需要智慧，感恩穿透人生

假如说感恩就是一种对生命恩赐的领会的话，那么，为了答谢上苍所给予的永恒的美好和永久的希望，我们就不仅只是肉眼的世俗浅见，而更需要一种智慧和信念，才能超越流俗，领会到那肉眼看不到而心灵却能感

受到的事物。这是我们所必须具备的。

下面是美国作家马克·吐温所讲述的一个故事:

在生命的黎明时分,一位仁慈的仙女带着她的篮子跑来,说:"这些都是礼物。挑一样吧,把其余的留下。小心些,做出明智的抉择;哦,要做出明智的抉择哪!因为,这些礼物当中只有一样是宝贵的。"礼物有五种:名望、爱情、财富、欢乐、死亡。少年人迫不及待地说:"无需考虑了。"他挑了欢乐。他踏进社会,寻欢作乐,沉湎其中。可是,每一次欢乐到头来都是短暂、沮丧、虚妄的。它们在行将消逝时嘲笑他。最后,他说:"这些年我都白过了。假如我能重新挑选,我一定会作出明智的抉择。"这时,仙女出现了,说:"还剩四样礼物。再挑一次吧;哦,记住,光阴似箭。这些礼物当中只有一样是宝贵的。"这个男人沉思良久,然后挑选了爱情。他没有觉察到仙女的眼里涌出了泪花。好多好多年以后,这个男人坐在一间空屋里守着一口棺材。他喃喃自忖道:"她们一个个抛下我走了。如今,她——最亲密的,最后一个,躺在这儿了。一阵阵孤寂朝我袭来。为了那个滑头商人——爱情,卖给我的每小时欢娱,我付出了一个小时的悲伤。我从心底里诅咒它呀。"

"重新挑吧,"仙女道,"岁月无疑把你教聪明了。还剩三样礼物。记住,它们当中只有一样是有价值的,小心选择。"这个男人沉吟良久,然后挑了名望。仙女叹了口气,扬长而去。好些年过去后,仙女又回来了,她站在那个在暮色中独坐冥想的男人身后。她明白他的心思:"我名扬全球,有口皆碑。对我来说,虽有一时之喜,但毕竟转瞬即逝!接踵而来的忌妒、诽谤、中伤、嫉恨、迫害,然后便是嘲笑。一切的末了,则是怜悯。它是名望的葬礼。哦,出名的辛酸和悲伤啊!声名卓著时遭人唾骂,声名狼藉时受人轻蔑和怜悯。"

"再挑吧。"这是仙女的声音,"还剩两样礼物。别绝望。从一开始起,便只有一样东西是宝贵的。它还在这儿呢。""财富即是权力!我真瞎了眼呀!"那个男人道,"现在,生命终于变得有价值了。我要挥金如土,大肆炫耀。那些惯于嘲笑和蔑视我的人将匍匐在我脚前的污泥中。我要用他们的忌妒来喂饱我饥饿的心灵。我要享受一切奢华,一切快乐,以及精神上

的一切陶醉和肉体上的一切满足。我要买，买庸碌的人间商场所能提供的人生种种虚荣享受。我已经失去了许多时间，在这之前，都作了糊涂的选择。那时我懵然无知，尽挑那些貌似最好的东西。"短暂的三年过去了。一天，那个男人坐在一间简陋的顶楼里瑟瑟发抖。他很憔悴，脸色苍白，双眼凹陷，衣衫褴褛。他一边咬嚼一块干面包皮，一边嘀咕道："为了那种种卑劣的事端和镀金的谎言，我要诅咒人间的一切礼物，以及一切徒有虚名的东西！欢乐、爱情、名望、财富，都只是些暂时的伪装。它们永恒的真相是——痛苦、悲伤、羞辱、贫穷。仙女说得对。她的礼物之中只有一样是宝贵的，只有一样是有价值的。现在我知道，这些东西跟那无价之宝相比是多么可怜卑贱啊！好珍贵、甜蜜、仁厚的礼物呀！沉浸在无梦的永久酣睡之中，折磨肉体的痛苦和咬噬心灵的羞辱、悲伤，便一了百了。给我吧！我倦了；我要安息。"

仙女来了，又带来了四样礼物，独缺死亡。她说："我把它给了一个母亲的爱儿——一个小孩子。他虽然懵然无知，却信任我，求我代他挑选。你没有要求我替你选择啊。""哦，我真惨啊！那么留给我的是什么呢？""你只配遭受垂垂暮年的反复无常的侮辱。"

生命的恩赐是异常奇妙的。它不仅包括肉眼能够看到的事物，而且还包括我们的肉眼看不到，必须要靠心灵才能感受到的事物。这是马克·吐温的这个故事告诉我们的。假如说感恩就是一种对生命恩赐的领会的话，那么，为了答谢上苍所给予的永恒的美好和持久的希望，我们所必须具备的，就不仅只是肉眼的世俗浅见，而更需要一种智慧和信念，才能超越流俗，领会到那肉眼看不到而心灵却能感受到的事物。

珍惜有限生命，学会感恩生活

台湾漫画家几米创作了一幅题为《有效期限》的漫画，画的中心是一片浅绿的水，上部有一些叶片粗大开满了紫花的藤儿，中间偏下是两块大石头，大石头上坐着一大一小两个人，小石头上蹲着一只好奇的小青蛙。

左下角一只小纸船正悄然无声地驶来，朦朦胧胧的影子倒映在水里，显得那样圣洁、富有诗意而又孤寂、无助。旁边的诗云："一艘小纸船，悠悠地漂过来，吸饱水分，渐渐沉没。世界上所有的美好，都有有效期限。"

看到漫画的一瞬，我的心像是被什么刺了一下。"世界上所有的美好，都有有效期限"，这句话充满了太多生活的哲理和禅意。我们常常忽略：美好的事物永远都有"有效期限"，事业有"有效期限"。无论我们干出的事业多么辉煌伟大，它对他人的影响都会受到种种制约，后人不可能完全依照我们的经验、想法行事；同时一个人可以干事业的年龄有限，过一村少一村，经一店少一店。亲情有"有效期限"。父母可以陪伴你的上半生，却无法呵护你的下半生；儿女能够陪伴你的下半生，却不能参与你的上半生……你无法在所有的时空里称心如意地拥有你想要的全部天伦之乐，就像一只鸟无法在每一个季节都拥有自己优美的歌喉。

假若世界上的花朵没有"有效期限"，我们想什么时候拥有就可以在什么时候拥有，以我们对花的那份期待，感恩就会大打折扣。因此，美好事物的短暂教会了我们珍惜，我们唯一能改变的，只是为美好的延长努力作出不懈的努力。

朋友多如"过客"，来去匆匆，相忘于江湖。人生的"有效期限"实在数之不尽。

学会珍爱生命，活着就是感恩

每个人的生命都只有一次，生命本身对我们来说就是一笔宝贵的财富，好好活着，更好地活着，爱自己，爱他人，这就是我们生命的意义。对我们来说，珍爱这仅有一次的生命，就是一种感恩，一种回报，对父母、他人、社会、国家等的回报，我们每个人都应该去抓住生命的每一瞬间，发掘生命的价值，感恩他人！

生命是非常宝贵的，生命更是一种伟大的赐予，父母赐予了我们生命，为我们创造了优美的环境，社会为我们提供了求学、工作等可能，国

家为我们提供了各种各样的公共服务，这一切都是一种恩赐。因此，对我们来说，生命不仅仅是我们自己的，更属于他人，我们不仅在为自己而活，也在为别人活，好好活着就是感恩。

活着本身就是一种最大的幸福。大多数人的生活是平淡的，他们的生命与草木同腐，这本是一种非常正常的生活方式。而从另一种意义上说，当生命一旦剥离了各种外在的装饰，裸露出生命的真相时，人生不易，活着更不易。在平淡中积聚力量，在平淡中笑看花开花落，在平淡中创造卓越辉煌，这是一种悠闲，也是一种境界。从伟大回归平淡，从激越步入平缓，从慷慨步入稳健，更是一个人在人生路上面临的战略考验。

为什么海明威在飞机失事、死里逃生后读到关于自己的讣告时却说："一个人有生就有死，但只要你活着，就要以最好的方式活下去。"为什么三毛在撒哈拉沙漠中举行婚礼时，见到丈夫荷西送给她的礼物是从沙漠中捡来的一副骆驼的骷髅竟会欣喜若狂，珍爱如命……

《庄子》中的一则寓言从另一个角度表达了活着的可贵和生命本身的意义。

有一个著名的木匠在去齐国的路上，看见一株被当地人尊奉为"社神"的栎树。这棵树大到可以供几十头牛遮阳，量一量树身有几百尺宽，高达山头，好几丈以上才生枝，旁枝可以造船。围观的人群密密麻麻，好像赶集一样，这个木匠却一眼也不瞧，一直往前走。

他的徒弟站在那儿看了个够，追上木匠问道：自从我拿了斧头跟随先生，从没有见过这么大的木材，先生却不看一眼，一直往前走，这是为什么呢？木匠告诉他：那是一棵没有用的散木，用它造船很快就会沉没；用它做棺材很快就会腐烂；用它做器具很快就会朽毁；用它做梁柱很快就会被虫蛀。这是不材之木，没有一点用处，所以才会有这么长的寿命。

木匠回到家里，夜里梦见栎树对他说：你要拿什么东西和我相比呢？拿有纹理的树木来跟我比吗？那梨、柚、橘一类的树，结瓜结果，果实成熟了，立即被采下来，大枝被折断，小枝被拉下来。这都是由于它们的才能害苦了自己的一生，所以不能享受天赐的寿命而中途夭折。物类如果有用就会招来世俗的打击，一切东西没有不是这样的。我力求做到这种无所

可用，曾费尽了周折，有几次我差点就被砍死，好不容易我才保全了下来，这正是我的大用。假使我显示出一点的用处，试问我能有今天的壮观吗？

这则寓言是说，当生命裸露出真相的时候，活着本身就是最大的收获和成就。当然，这绝非简单的"好死不如赖活着"所能概括的，而包含着对人生价值和生活意义的透彻感悟。

好好活着，就是一种莫大的幸福。我们习惯于活着，并且往往将之视为理所当然的事。但仔细想一想，我们来到这个世界上，本身就已是一种奇迹，应该感谢上苍的恩宠，珍惜生命的可贵。人正是知道了死，才掂出了生的分量。尽管长途跋涉叩开的都将是死亡的大门，人还是要去抓住生命的每一瞬间，发掘生命的价值。想想，还有什么比活着更为宝贵的呢！

生命不仅仅属于我们自己，属于更多帮助过我们的人，关怀过我们的人，感动过我们的人，生命更是父母的恩赐，自然的润养，社会的扶助，国家的培育，而我们需要做的就是珍爱生命，珍爱这生命，对我们来说就是一种感恩，一种成长！

Chapter 6
这辈子，要与人为善成就自己

与人为善，与己为善。以感恩包容的心去拥有一切的常乐。一个人的快乐和幸福不是索取，而是奉献。爱因斯坦说过："一个人的价值，应当看他贡献了什么，而不应当看他取得了什么。"

与人为善不是一种简单的同情心，它是一种无形的善念，一种博大的爱，是一股矫正世俗的春风。道家的始祖老子说得好："上善如水。"是的，"水溶万物而不争"，与人为善者与水一样，能溶解万事万物，化解人间恩仇；"海纳百川，有容乃大"，与人为善者能包容一切，胸怀博大；"晶莹透亮，清澈见底"，与人为善者白日为善，夜来省察，心如明镜……

善良是一种远见，是一种自信，是一种精神力量，是一种以逸待劳的沉稳，是一种文化，是一种快乐。有了善良才有幸福，有了善良才能和平愉快地彼此相处，有了善良才能把精力集中在有意义有价值的事情上，善良才能摆脱没完没了的争斗与自我消耗，善良才能天下太平。

只有尊重他人，才能收获尊重

美国前总统林肯是一个值得我们借鉴的人。

林肯年轻的时候，住在印第安纳州鸽湾谷，那时他喜欢评论是非，还常常写信和诗讽刺别人。林肯常把写好的信扔在乡间路上，使被讽刺的对象能拾到。后来，林肯在伊利诺州春田镇做了见习律师，但这一毛病仍没有改掉。

1842 年秋，他又在报上写了一封匿名信讽刺当时的一位自视清高的政客詹姆士·席尔斯，被全镇引为笑料。席尔斯愤怒不已，终于查出写信者就是林肯，于是他即刻骑马找到林肯，下战书要求决斗。林肯并不喜欢决斗，但被逼无奈只好接受挑战。他选择骑兵的腰刀作为武器，并向一位西点军校毕业生学习剑术，准备到决斗那一天决一死战，幸亏在最后这场决斗被人阻止了，否则美国的历史可能会改写。

这一次经历使林肯认识到了自己的缺点，这也成为他一生中最深刻的一个教训。从这件事之后，林肯学会了与人相处的艺术；他再也不写信骂人、任意嘲弄人或为某事指责人了。此刻的他深刻地明白了一个自尊心受到伤害的人会有怎样可怕的举动。

南北战争的时候，林肯新任命的将军在战争中一次又一次地惨败，使林肯很失望。全国有半数以上的人都在骂这些将军，但林肯没吭一声。他常说的一句话是："不要批评别人，别人才不会批评你。"

当林肯太太和其他人对南方人士有所非议的时候，林肯总是回答说："不要批评他们，如果我处在同样情况下，也会跟他们一样的。"

任何时候都要顾及别人的自尊心，这就是林肯善于与人相处的秘诀，也是他的成大事之道。

和林肯一样，姚明对他人的尊重，使他获得了更多人的尊重，也使他成为当今体坛上最具影响力的人之一。

人人都渴望得到他人的尊重，但尊重要靠自己赢得，只有你先尊重别

人，才能得到别人的尊重。

有一个自恃学问很高的人，精通各种宗教教义，对那些目不识丁的人很是看不起。

有一天，他要过河。河边有个勤劳的船夫，他每天划着小船运送过河的行人。这个人上了船，船夫等了一会儿，见没人再来乘船，就划起船走了。

船行了一会儿，他对船夫说："你活得多没意思哪！""您为什么这么说呢？"船夫不解地问道。"你懂得宗教经典吗？""像我这样的笨人，哪懂这些东西呢？"船夫直率地回答。"这样看来，你的生活失去了一半意义。你听人讲过《往世书》（印度古代的神话传说集）吗？""日夜泡在河里摇船，哪有时间去听。""这么说来，你的生活有四分之一又白白过去了。那你至少你听过一些史诗吧？""您说的是什么呀？我根本不懂。我的生活就是摇着船渡人过河。""没什么好说的了，你这一辈子几乎都白过了。我不明白，你怎么能忍受这样乏味的生活。"他讥讽地说。话音未落，突然刮起了大风，河里波涛翻滚。接着天空乌云密布，下起了大雨。可怕的巨浪拍打着小船，不一会儿功夫，船里灌满了水，很快就要沉没了。"喂，兄弟，船是不是要沉？"这个有学问的人惊恐不安地问道。"是的，先生！但请你告诉我，您会不会游泳？"船夫问道。"我不会。"他失望地回答。"这样看来，您不仅活得没有意义，而且就快完蛋了。"说完，船夫跳进河里，游到了对岸；而不会游泳的学识渊博的人，被淹死在河里。

每个人的存在都有他独特的价值，要懂得尊重他人和欣赏自己。对生命的体验和生命的意义的理解，人各不同，很难说对错高低。你不能因为自己是一朵花就去否认一棵小草的美丽。

一个纽约商人看到一个衣衫褴褛的钢笔推销员，出于怜悯，他塞给那人一元钱，不一会他返回来又取了几支钢笔并抱歉地解释自己忘取笔了。然后又说："你跟我都是商人，你也有东西要卖。"几个月后，他们再次相遇，那卖笔的人已成为推销商，他充满感激地对纽约商人说："谢谢您，您给了我自尊，是您告诉了我，我是个商人。"

故事告诉我们：尊重别人是崇高道德的表现。

尊重他人可以让失望的人们看到光明；让自卑的人们找到自信；甚至可以改变一个人的一生。给需要帮助的人一些力所能及的帮助，很多人都可以做得到，可是能在帮助他人的同时考虑到他的自尊却未见得人人都会想到。在这一点上，那位纽约商人的确令人敬佩，因为他懂得尊重他人，尊重别人不仅可以使自己的心灵受到深深的震撼，更可以使他人拥有自尊和自信。纽约商人几句话让钢笔推销员从乞丐的自卑中解脱出来，自信地走上了经商之路。

我们必须牢记："每个人在人格上都是平等的。"不因自己家境好成绩好就自倨、自傲，就轻视他人。只有在心理上有尊重别人的想法，才可能做出尊重别人的行动。

尊重他人就要学会"见什么人说什么话"，也就是要了解对方的年龄、身份、语言习惯等。假如对方是位年长者，在称呼上要礼貌，在语气上要委婉，在语速上要和缓，在话题上要"投其所好"。

尊重他人会为陷入失望的困境中的人们照亮前进之路。相反，不尊重别人，轻则伤害他人的自尊，重则埋没有用之材。油画家凡高不就是生前的作品得不到尊重与肯定，郁郁寡欢而死的吗？

只有学会尊重别人，才会赢得别人的尊重。一个不尊重他人的人，也绝不会得到别人的尊重。就如一个人对着空旷的大山大声呼喊，你对它友好，它友好回应。在人们之间的交往中，自己待人、处事的态度往往决定了别人对你的态度。尊重他人，也就是尊重自己。

为他人点火把，自己也获光明

一位邮递员给一个老太太送邮件时，经常看到那位瘦小的老夫人从她那美丽的大房子中走出，借助一辆四个轮子的助行车，挣扎着走上房前的小路，去信箱取她的邮件。她每向前走一步都非常吃力。在随后的一个月里，邮递员好几次遇到老夫人，每次都看到取信对她来说是一项多么艰难

的任务。他估计老夫人从她房子前门走到信箱再返回去，至少要花20分钟。她每走几步都要停下来歇一歇。

一个周末，这位邮递员光顾了当地的一家五金商店，买了一只铜制的信箱。然后，他驱车来到老夫人的家，敲响了房门，并站在门口耐心地等待。当老夫人终于把门打开时，邮递员礼貌地问她是否允许自己把这个信箱钉在她的门上，以省去她每天走到原来那只信箱取信的辛苦。她同意了，因此他就把那只信箱钉在了她的房门上。在接下来的几个月里，当邮递员发送老夫人的邮件时，他便径直走到她的前门，把邮件塞进那只信箱。但从此以后，他再没有跟老人打过照面。

有一天，当邮递员走上老夫人家房前的小路时，发现一个男人正站在台阶上等他。那个男人介绍说，他是老夫人的代理律师。他告诉邮递员，老夫人已经去世了，并且问他今后能否将老人所有邮件转送到律师事务所。随后，他递给邮递员一个信封，里面是老夫人留下的一封信——老夫人把她的房子、家具等所有物品，都留给了这位邮递员先生。在信中，老夫人写道："邮递员先生，你对我的友善甚至超过了我的家人所给予我的。我已经有20年没有收到他们的消息了，他们不肯为了我而暂时放下他们手中的工作，而你却做到了这一点"。

"愿上帝保佑你的余生幸福安康。"

永远不要低估善行的威力。当人们尽心去帮助周围需要帮助的人时，给他们带来的是方便，留给自己的是欣慰，即使助人的人并不希望得到任何回报。

一个伸手不见五指的夜晚，一个远行寻佛的苦行僧走到了一个荒僻的村落中，漆黑的街道上，络绎不绝的村民在轻轻地走动着。

苦行僧转过一条巷道，他看见有一团昏黄的灯先从巷道的深处静静地亮过来。身旁的一位村民说："孙瞎子过来了。"瞎子？苦行僧愣了，他问身旁的一位村民说："那挑着灯笼的真是一位盲人吗？"

他真的是一位盲人，那人很肯定地告诉他。

苦行僧百思不得其解。一个双目失明的盲人，他没有白天和黑夜的概

116

念，他看不到高山流水，他看不到柳绿桃红的世界万物，他甚至不知道灯光是什么样子的，他挑一盏灯笼岂不令人迷惘和可笑？

那灯笼渐渐近了，晕黄的光线渐渐从深巷移游到了僧人的草鞋上。迷惑的苦行僧问："敢问施主真的是一位盲者吗？"那挑灯笼的盲人告诉他："是的，从踏进这个世界，我就一直双眼混沌。"

苦行僧又问："既然你什么也看不见，那你为何挑一盏灯笼呢？"盲者说："现在是黑夜吧？我听说在黑夜里没有灯光的映照，那么满世界的人都会和我一样是盲人，所以我就点亮了一盏灯笼。"

苦行僧若有所悟地说："原来您是为别人照明啰？"但那盲人却说："不，我是为自己！"

为你自己？苦行僧又愣了。

盲者慢慢向苦行僧说："你是否因为夜色漆黑而被其他行人碰撞过？"苦行僧说："是的，就在刚才，还被两个人不留心碰撞过。"盲人听了，沉稳地说："但我就没有。虽说我是盲人，我什么也看不见，但我挑了这盏灯笼，既为别人照亮了路，也是让别人看到了我自己，这样，他们就不会因为看不见而碰撞我了。"

苦行僧听了，仰天长叹说："我天涯海角奔波着找佛，没有想到佛就在我的身边，原来佛性就像一盏灯，只要我点燃了它，即使我看不见佛，但佛却会看到我自己的。"顿有所悟。

请不要犹豫地为别人点起我们自己的生命之灯吧，这样，在生命的夜色里，我们才能寻找到自己的平安和光辉！只有为别人点燃一盏灯，才能照亮我们自己前进的道路。

只有相互支撑，"人"才能够站立

一撇一捺组成"人"，人字的含义就是相互支撑，相互扶持，"接受我的关怀，期待你的笑容，……"每当我唱起这首歌，心中便涌起一种无言

的感动，因为这首歌词道出了人与人应当有的人生真谛。

至今仍记得这样一个真实的小故事：一位瞎子和一位跛子因不能顺利去食堂打饭而苦恼。后来瞎子灵机一动："老兄，我背你，你给我引路，咱们一起去打饭，好吗?"跛子欣然答应。于是两个残缺的人合为一个完整的人，成功地吃到了饭。从这个故事中，我们可以深深地感悟到人与人之间的相互帮助是何等重要。从某种意义上说，我们每个人都是"瞎子"或"跛子"，如果我们能够"相互支撑"，我们就可以做出许多本来干不成的事，享受到更多的成功的欢乐。

一位哲人如是说，"一个不肯助人的人，他必然会在有生之年遭遇到大困难，并且大大伤害到其他人。"是的，人是不可能脱离周围这个世界的。你的衣食住行，你的工作娱乐，无不与别人存在着千丝万缕的联系；你的一举一动，你的一言一行，无不对别人产生或大或小的影响。我们必须认识到"我为人人，人人为我"，人与人"相互支撑"是社会生活的法则，从而学会助人，乐于助人。如果你撑一把伞给我，我撑一把伞给你，我们就能共同撑起一个完整而和谐的世界。因而接受帮助和帮助别人，确实是一种生活的艺术。

帮助别人，从表面上看是一种付出和奉献，但从效果上看，你在帮助别人的同时也获得了人格的提升。况且，有些人因为帮助别人，甚至还会收到意想不到的回报。

香港"景泰蓝大王"陈玉书先生曾谈及他创业初期，在一公园漫步时，偶尔碰见一女士和她的孩子在玩荡秋千。由于此女士身单力薄，推得十分吃力。于是陈先生主动上前帮忙，使她们玩得很轻松开心。临走时此女士留给陈先生一张名片，说以后若需帮忙可以找她。原来此女士竟是某国大使夫人。后来陈先生通过此女士弄到了一批运往香港的货物的签发证，从中赚了很多钱，由此成为他事业的一个新起点。由此可见，帮助别人，往往也是帮助自己，成全自己。

纵观那些各行各业的成功人士，无不是乐于助人、善于借重他人的人。由此我们得出生活的哲理是：有付出，必有收获；你帮助的人越多，

你得到的回报也就越多。朋友，如果你想活得成功，请去发自内心地乐于助人。人心都是肉长的，你对别人好，别人必对你好。生活在一个"相互支撑"的世界里，你会倍感幸福与温馨。"走进我的视野，从此不再陌生，人类的热情就是爱的表情。"

郭老师高烧不退，透视时发现胸部有一块拳头大小的阴影，医生怀疑是肿瘤。同事们纷纷去医院探视，回来的人说："有一个叫王端的女人，特地从北京赶到唐山来看郭老师，不知是郭老师的什么人。"又有人说："那个叫王端的整天守在郭老师的病床前，喂水喂药端便盆，看样子跟郭老师关系可非同一般呀。"

就这样，去医院探视的人几乎每天都能带来一些关于王端的传言，更有人讲了一件令人不可思议的奇事，说郭老师和王端一人拿着一根筷子敲饭盒玩，王端敲几下，郭老师就敲几下，敲着敲着，两个人就又哭又笑起来……

十几天后，郭老师的病确诊不是肿瘤，不久，郭老师就喜气洋洋地回来上班了。有人问起了王端的事，郭老师深情讲述了一段大地震中的经历——"王端是我以前的邻居。大地震的时候，王端被埋在了废墟下面，大块的楼板在上面一层层压着，而父母的尸体就在身边，王端在下面吓得直哭。邻居们找来木棒铁棍撬试图那楼板，可说什么也撬不动，就说等着用吊车吊吧。天黑了，人们纷纷谣传大地要塌陷，于是就都抢着去占铁轨。只有我没动。当时我家活着出来的只有我一个人，我把王端看成了可以依靠的人，就像王端依靠我一样。我对着楼板的空隙冲下面喊：'王端，天黑了，我在上面跟你做伴，你不用怕！现在，咱俩一人找一块砖头，你在下面敲，我在上面敲，你敲几下，我就敲几下——好，开始吧。'就这样，王端在下面敲'当当'，我便也敲'当当'，她敲'当当当'，我便也敲'当当当'……渐渐地，下面的声音弱了、断了，我也昏昏沉沉地睡去。

"不知过了多长时间，下面的敲击声又开始响起，我慌忙捡起一块砖头，回应着那求救般的声音。王端颤颤地念着我的名字，激动得哭起来。第二天，王端被救了出来。"

人只有相互依靠、支持才能坚强地站立起来面对人生，这就要求我们对别人付出更多的关爱、帮助，由此，我们也就会获得别人的关爱和帮助。

助人应当为乐，助己可以积善

世界如同一面镜子，你笑它也笑，可是你要整天板着脸，它也会变得苦闷不堪。因此，在生活、工作之余多为别人想想，能使你不再为自己忧虑、善待自己，也能帮你结交很多的朋友，得到更多的乐趣。

为别人做好事不是一种责任，而是一种快乐，因为它能增加你自己的快乐感和健康幸福指数。

美国密苏里州春田镇有个叫波顿的人，他对"多为别人着想"的意义有着深刻的理解，他讲述的"我如何快乐起来"的故事曾感动了许多人。

"我9岁的时候失去了母亲，12岁的时候失去了父亲。"波顿先生写道："我母亲在13年前的某一天离开了家，从此我们就再也没有见过她。以后我也没有见过她带走的我的两个小妹妹。她一直到离家7年之后，才写信给我。我父亲和一个合伙人在密苏里的一个小镇买下了一间洗衣店，合伙人趁他出差的时候把洗衣店卖了，得了现款之后潜逃。一个朋友打电话提醒父亲，叫他赶快回家，在匆忙中，父亲在堪萨斯州沙林那城因车祸丧生——那时，我母亲已离家出走三年。我的两个姑姑，她们又穷又老，而且身体也不好，她们把我们五个孩子中的三个带到她们家里去喂养了。剩下我和弟弟没有人要，我们只好靠镇上的人来帮忙度日。我们很快被人家叫做孤儿，或者被人家当作孤儿来看待，而且我们所担心的事情很快发生了。

"我在镇上一个很穷的人家生活了一阵子，可是日子很难过，那家的男主人失了业，所以他们没有办法再养我。后来，罗福亭先生和他的太太收留了我，让我住在他们离镇子11英里的农庄里。罗福亭先生70岁，他

告诉我说，'只要我不说谎，不偷东西，能听话做事'，就可以让我一直住在那里。这三个要求变成了我的圣经，我完全遵照它们生活。

"我开始上学，但其他的孩子都喜欢找我的麻烦，拿我的大鼻子取笑，说我是个笨蛋，还说我是个小臭孤儿。我伤心得想去打他们，可是收容我的那位农夫罗福亭先生对我说：'永远记住，能走开不打架的人，要比留下来打架的人伟大得多。'我一直都照着他说的话去做，尽量不去和人打架。直到有一天，有个小孩在学校的院子里抓起一把鸡屎，丢在我的脸上。我把那小子痛揍了一顿，结果交上了好几个朋友，他们说那家伙活该。罗福亭太太给我买了一顶新帽子，我感到非常骄傲。有一天，有个大女孩把我的帽子扯了下来，在里面装满了水，把帽子弄坏了。她说她之所以把水放在里面，是要'那些水能够弄湿我的大脑袋，让我那玉米花似的脑筋不要乱爆'。我在学校里从来没有哭过，可是我常常在回家之后嗷嗷大哭。有一天，罗福亭太太给了我一些忠告，使我消除了所有的烦恼和忧虑，而且把我的敌人都变成了朋友。她说：'罗夫，要是你肯对他们表示喜欢和有兴趣，而且注意能够为他们做些什么的话，他们就不会再来逗你，或叫你小臭孤儿了。'我接受了她的忠告，我开始用功读书。不久后我就成为班上的第一名，却从来没有人妒忌我，因为我总在尽力帮助别人。我帮好几个男同学写作文，写很完整的报告。有个孩子不好意思让他的父母亲知道我在帮他的忙，所以经常告诉她母亲说，他要去抓袋鼠，然后就到罗福亭先生的农场里来，把他的狗关在谷仓里，然后让我教他读书。死神也很快侵袭到我们的附近，两个年纪很大的农夫都死了，还有另一位老太太的丈夫也死了。在这四家人中，我是唯一的男性，在我上下学的路上，我都要到她们的农庄去，替她们砍柴、挤牛奶，替她们的家畜喂饲料和水。我这样一直坚持了两年。现在大家都很喜欢我，不再骂我，每个人都把我当作朋友。当我从海军退伍回来的第一天，有两百多个农夫来看我，有人甚至从80英里外开车过来。"

不管你的人生多么平凡，你每天都会遇到一些人，你怎样对待他们的呢？你是否只是看一看他们，还是会试着去了解他们的生活？比

方说一位邮差，他每年要走几百里的路，把信送到你的门口，可是你有没有费心去问问他住在哪里？你有没有问过他的脚会不会酸？或者看一看他太太和他孩子的照片呢？他的工作会不会让他觉得很烦呢？或者杂货店里送货的孩子，卖报的人，在街角上为你擦鞋的那个人。这些人都有烦恼和梦想，他们也渴望有机会跟其他人来分享，可是你有没有对他们的生活流露出一份兴趣呢？你有没有给他们这种机会呢？你不一定要做南丁格尔，或是一个社会改革者，你可以从明天早上开始，从你所碰到的第一个人做起。

人们的心灵大都是相通的，如果我们知道每说一句话，反馈回来的会是另一句什么样的话或什么样的事，那么我们就应该知道，这句话应该怎样说出去。一如我们用友好的态度说话，收到的效果就好；我们用粗暴的态度说话，收到的效果就恶劣。就像我们照镜子，你笑，它也对你笑；就像我们对着群山呼唤，你喊什么，它也对你喊什么。我们对别人友好，别人也会对我们友好。世界上道理很多，但是大道理都很简单，善有善报，你对别人好，别人也会对你好，永恒的道理是千百年都不会改变的。

学会感激路人，体验可贵生命

有位朋友晚上到超市购物，出来时外面下起了大雨。他想等会儿雨会停的，便重新进超市，到三楼的书店做起来打开一本书来看。

到9点左右，超市要关门了。他走到门口，却发现雨越下越大。超市前面就是大街，有出租车开过，但大都是满车。如果他要打车，意味着他必须站到街边去，否则，司机无论如何也看不到角落里的他。

正在急促不安时，有人问他："是想打的吗？"

他点点头。那人撑开了伞，说："一起走。"他就跟着他到了路边，雨刷刷地不停的下着，他们没有说话。站了四五分钟，终于有一辆出租车来

了，他们一起上了车。

那人问："你到哪里？"朋友便说了自己家的方位。那人说："顺路，我比你住得远些。"

出租车到了朋友的楼前，他开门时，对那人说了一声"谢谢"。朋友发现，那人还很年轻，是一位很时尚的男孩，他的头发染得黄黄的。他对朋友挥挥手，嘴角微微一笑。

朋友告诉我这件事时，仍沉浸在当晚的快乐当中。他说他以前看不惯那些染着黄头发蹦蹦跳跳的男孩，他们给自己的印象是不负责任的，轻率的，但经过这一晚，他的观念被彻底改变了。

我能体会朋友的感恩之心，这种感激可能是一生一世的。

但在座的另一位朋友却说："假如，打伞的不是那个陌生人，而是你的亲人，你会怎样想呢？"

这个问题问得真妙。假如我们的爱人、亲人、朋友给我们打伞，还会这样感恩吗？在我生命中，父母不知给我送过多少次伞，但在脑海中却毫无记忆。

感觉常会捉弄人，真正爱你疼你把你当成心肝宝贝的人你会无动于衷，而与你只是惊鸿一瞥给予你举手之劳帮助的你反而会铭记一生。

我们换一种思维，假如，把对陌生人的感恩转移到你与爱人之间、与亲人之间、与朋友同事之间，那么我们人生将会是遍洒温情的阳光吧。

王女士带着儿子匆匆地往家赶。走了大约有 500 米的路程，大风夹带着雨点和沙石呼啸而来，打得脸生疼，眼睛很难睁开。每个人都急匆匆的，要找个避雨的地方都不容易。一把大的广告伞被风吹飞了，碰在王女士的电动车上，车子一个趔趄，吓得儿子大哭起来。王女士一边安慰着儿子，一边急匆匆地往前赶。大雨从天上倾泻下来，儿子哭喊着说迷眼，不让走。王女士让儿子转过身来，趴到自己怀里，也许是又冷又害怕，儿子在王女士怀里抖个不停，这时天也黑了。王女士下了车，一边安慰着儿子，一边从车座下面拿出儿子的衣服想给他穿上，正在这时，一辆银灰色的"哈飞路宝"停在王女士身边，司机把玻璃打开一条缝说"让孩子上来

吧，我送你们回家，你们住哪儿？"王女士犹豫了一下，那人看出了王女士的担心，又说，"要不你走前面领路。"可是，她怎敢在这么一个暴风雨的傍晚把刚满两岁的儿子交给一个陌生人呢？但又怕自己的犹豫会伤了那人的好心（如果他真的是好心人），王女士就把拒绝的权利推给了儿子，她知道儿子从来不会离开自己跟一个哪怕是熟悉的人走。王女士问儿子"你愿不愿坐这个叔叔的车？"可是儿子竟是这么地出乎意料，他说"愿意"。无可奈何的王女士只好把儿子交给了那个人，那人又说，"我车上有伞，给你打吧！"王女士可不愿用自己的儿子去换一把伞，于是以风大为由拒绝了他的伞。在递儿子上车时，他问王女士家在哪里，王女士告诉他在县一中，她走在前面，记住了他的车号，他则一直慢慢地跟在王女士的后面，但她一刻也没放松警惕。就这样一步三回头，他把她们母子送到了家。等先生下楼接过儿子，那人就消失在茫茫的大雨中了。

温暖，感激，兴奋使王女士的心情一下子放松下来，那车号王女士再也没有记起来，只有一辆银灰色的"哈飞路宝"印在她的脑中。两年来，王女士也许曾经碰见过那位好心的大哥，但他的容貌王女士确实记不起来了，向好朋友说起这件事，她们都说"你真大胆！"是大胆？还是那位大哥的真诚？她不愿考究。王女士现在只愿努力做一个让人感激的陌生人。

不管你多么有能力，多么聪明，生命里有许多事是要靠运气和陌生人恩赐的。因此，作为一个很有运气的人，你要懂得自己对社会的责任，去帮助那些运气不好的人们。帮助他人，帮助这个世界变得更美好，这种成就感是无法衡量的。

如果赚钱是你们的目的，人们都会挣到比梦想中更多的钱。不要忘记回报社会！记住你们之所以能取得如此的成就，有一部分是靠运气恩赐的，所以你们一定要尽自己的义务！有时我们会因为生活、工作太忙碌而没有时间停下来想这些问题，请大家千万不要忘记，只要我们每个人出一点力，集中起来就有可能改变这个世界的！

玫瑰送给别人，手里留有余香

"送人玫瑰，手有余香"是英国流行的一句谚语，意思是当我们给予他人帮助的时候，我们的手上仍留有余香。方便了别人的同时也会给自己带来方便。付出了，给予了，自己也会快乐。如果只懂得收获，就会失去快乐的意义。一件很平凡微小的事情，哪怕如同赠人一支玫瑰般微不足道，但它带来的温馨都会在赠花人和爱花人的心底慢慢升腾、弥漫、覆盖。当我们懂得把自己的东西和别人一起分享的时候，我们就会体会到无限的快乐，体会到幸福的感觉。

有一个人，发现路旁的一堆泥土散发出非常芬芳的香味。于是，就把这堆泥土带回家，一时间，他的家竟满室香味。他问泥土："你是大城市来的珍宝还是一种稀有的香料？或是价格昂贵的材料？"泥土说："都不是，我只是普通的泥土。""那么你身上浓郁的香味儿是从哪里来的？"泥土说："我只是曾经在玫瑰园和玫瑰相处了一段时间。"

与玫瑰相处便会有玫瑰的清香！

我们，不仅要做与玫瑰相处的泥土，吸收玫瑰的芳香，我们更要自我期勉，自我提高，努力做那芬芳的玫瑰，把玫瑰的清香带给他人。

有一个盲人住在一个小区里。每天晚上他都会到楼下花园去散步。奇怪的是，不论是上楼还是下楼，他虽然只能顺着墙摸索，却一定要按亮楼道里的灯。一天，他的邻居忍不住，好奇地问道："你的眼睛看不见，为何还要开灯呢？"盲人回答道："开灯能给别人上下楼带来方便，也会给我带来方便。"邻居疑惑地问道："开灯能给你带来什么方便呢？"盲人答道："开灯后，上下楼的人都会看见东西，也就不会把我撞倒了，这不就给我方便了吗。"邻居这才恍然大悟。

生活中这样的情况有很多，方便了别人的同时也会给自己带来方便，只要你肯付出，乐于奉献。

一个马戏团进入了一座城市。六个小男孩穿戴得干净整洁，手牵手排队在父母身后，等候买票。他们兴高采烈地谈论着将要上演的节目，好像是自己就要骑着大象在舞台上表演似的。终于，轮到他们了，售票员问要多少张票，父亲低声道："请给我六个小孩和两个大人的票。"母亲紧张了一下，她扭过头把脸垂得很低。售票员重复了一遍价格。父亲的眼里透着困惑，他实在不忍心告诉他身旁的兴致勃勃的孩子们，身上带的钱不够。

一位排队买票的男子目睹了这一切，他悄悄地把手伸进自己的口袋，将一张50元的钞票拉出来让它掉在地上。然后拍拍那个父亲的肩膀，指着地上说："先生，你掉钱了。"父亲回过头，明白了原委，眼眶一热，弯下腰拾起地上的钞票。然后，紧紧地握住男士的手。

一个小小的发自内心的善行，也会铸就一个爱的人生舞台。记住别人对自己的恩惠，洗去自己对别人的怨恨，在人生的旅途中才能晴空万里。

有付出总会有回报。对他人做了善事，总能得到加倍的回报。帮助别人，其实就是帮助自己，而当我们付出的时候，本身就体验到了生命的意义与快乐。

花朵因为露珠而美丽，天空因为鸟儿而多彩，我们因为给予而富有。喜欢帮助他人的人，永远都是富有的，简单的付出，索取到的却是无尽的财富，或者可以说，这些财富是自己进入我们的口袋中的。有位哲人说过："人活着应该让别人因为你活着而得到益处。"付出一份爱心，收获一份快乐与希望。予人玫瑰，手有余香，请让这份余香永远地围绕着你，其实我们索取的就是那一份永恒的余香……

始终与人为善，能让自己幸福

与人为善就是善待自己。

"在人生的道路上，每个人都需要感情的理解、精神的安慰、生活的

照顾和行为的支持。"苦恼的时候,希望别人能接受自己的倾诉;成功的时候,希望别人能赞赏自己的成绩;危难的时候,希望别人能伸出援助之手;困惑的时候,希望别人能予以指点。

生活就像山谷回声,你付出什么,就得到什么;你播种什么,就收获什么。帮助别人就是强大自己,帮助别人也就是帮助自己,别人得到的并非是你失去的。

一把坚实的大锁挂在大门上,用一根铁杆费了九牛二虎之力,还是无法将它撬开。钥匙来了,他瘦小的身子钻进锁孔,只轻轻一转,大锁就"啪"地一声打开了。这个例子告诉我们,每个人的心,都像上了锁的大门,任你再坚硬的铁棒也撬不开。唯有爱,才能把自己变成一把细腻的钥匙,穿入别人的心中。

父子两人看到一辆十分豪华的进口轿车,儿子不屑地对他的父亲说:"坐这种车的人,肚子里一定没有学问!"父亲则轻描淡写地回答:"说这种话的人,口袋里一定没有钱!"这个例子启示我们,你对事情的看法,是不是也反映出你内心真实的态度?

晚饭后,母亲和女儿一块儿洗餐具,父亲和儿子在客厅看电视。突然,厨房里传来打破盘子的响声,然后一片寂静。儿子望着他父亲,说道:"一定是妈妈打破的。""你怎么知道?""她没有骂人。"这个例子证明,我们习惯以不变的固定标准来看人看己,以致往往是责人以严,待己以宽。

人不但是一种物质存在,而且是一种精神存在。人有永恒的社会追求与精神追求,希望使社会精神、人的精神、人的生活和人自身日趋完美。另一方面,在这个追求不断进步、不断完美的过程中,有着许许多多的困难和障碍,老百姓常说"人生有九九八十一难",就是这个意思。人过一辈子,无论是谁,都很不容易,人与人之间相互善待,是我们对付这"九九八十一难"最可靠的保障之一。所以,对人来说,与人为善既是激励其社会追求、精神追求的动力,又是解决这个追求过程中各种困难的基本手段。

与人为善就是善待他人，成人之美。人生在世，总得和别人打交道。与人打交道，实际上就是自己怎样对待别人和别人怎样对待自己。这件事每个人天天在做，但做的情况并不一样。有的人做得比较主动，有的人则比较盲目，有的人做得很出色，有的人做得不太好甚至很差。人与人友好相待，给个人、家庭、社会带来了友谊、成功、进步和幸福；人与人不能很好相待，则造成了各种不同的个人悲剧、家庭悲剧和社会悲剧。善待他人是人的本质之一，是人的本义所在。

　　任何一个人的存在，都是以别人的存在为前提、为条件的，一个人只有与人为善，自己才能存在，才能做成人，就是说，一个与人为善的人才真正是人，才具有人的尊严和神圣，才在社会生活中享有人的资格与权利。所以，与人为善实际是在善待自己，是在不停地为自己创造和争得人的尊严、资格、神圣和权利；是在不断地向社会、向世界证明自己具有人的尊严、资格、神圣和权利。一个与人为善的人，才具有人的尊严和神圣。

　　与人为善是人们幸福的重要源泉。其原因仍在于上面所说的人是社会存在、精神存在和人的社会追求和精神追求。人们追求的幸福各式各样，世界上的幸福千种万种，但历史表明，能与人生共长久的是精神幸福，真正能经得起时间筛选的精神幸福，是因善待他人有益于社会而获得的幸福。

　　有一个小孩，他家里很穷，父母都是农民，他从小就生存在一种饥饿和窘迫之中。节日的压岁钱、喜庆的爆竹、父母的呵护，这些本该属于孩子的专利，都与他无缘。只有小伙伴们对他无私、真诚的帮助和呵护是他难忘并终生感恩的。只要小伙伴手里有两块糖果，肯定就会有他的一块；伙伴手里有一个馍馍，那肯定有他的一半。在贫穷和饥饿之中，还有什么比食物更宝贵的东西呢？一眨眼30年过去了。在这段时间里，世界上的许多事情都变了模样。此时，年轻人已步入中年，外出闯荡的他已今非昔比。30年的奔波劳碌、摸爬滚打，他一路风尘地走过来了，成为一个稳健、精明、魅力非凡的企业家。有一天，少小离家的他思乡情切，于是，

在一个艳阳高照的日子里，他回到家乡。当日，他走遍全村，感谢叔伯大爷、兄弟姐妹这些年来对他父母的照顾，并每家送了一份礼品。夜里，他在自家的堂屋里摆桌请客，赴宴者全是从小光着屁股一块儿长大的伙伴。按那里的风俗，赴宴者都要带点礼品表示谢意。大家来的时候，都带着礼品，有的还很丰厚。他令人一一收下，准备宴席之后，请大家带回。当然，还包括自己馈赠的礼品。世界还有比这更感人的场面吗？还有比这更宝贵的东西吗？善待朋友，知恩感恩，这是做人的必备品质啊！与人为善就是善待自己。如果你这样做了，在你的人生之路上，你就会有很多的辅助者、支持者，你就容易获得成功。

事实证明，只有与人为善，才能把自己融入社会，才能获得友谊、信任、理解和支持；只有与人为善，才能调整那渐渐失衡的心态，解脱孤独的灵魂，走出无助的困境；只有与人为善，才能在人生的道路上，拥有充满快乐的心态，踏入充满仁爱的世界，走向充满希望的未来。

学会主动付出，体味给予之乐

著名哲学家罗素先生说过，有三个因素支配着他的一生，那就是对人类知识的渴求，对真挚爱情的不懈追求以及对人类苦难通彻肺腑的同情和怜悯。第一次看这段话，情不自禁地产生了共鸣。真挚的爱情是人类高级情感的体现，人人都想追求想拥有一份美好的爱情。即使明白它或许也是一份会伤人甚至致命的毒药，依然飞蛾扑火般的投身其中，因为追求爱情并为之奋斗的人懂得，追求付出的过程本身就是一种幸福，就是一种收获。始终不放弃对爱情的追求，不曾停止为之奋斗的脚步，即使满身伤痕，即使那种痛依旧那样清晰那样铭心刻骨。相信，学会付出，也是一种收获。

人世间，不劳而获的事情终究太少太少。即使幸运之神光临你的身边，你在取得之前，还是要先学会付出。

收获前，先学会付出。

一个年轻人，准备在他家所在的那条街上开一家商店，他向他的父亲征求意见："我想在咱们这条街上开店赚钱，得先准备些什么呢？"

他的父亲想了想说："咱们这条街商店已经不算少了，但门面房还有的是，你如果不想多赚钱，现在就可租两间门面，摆上货柜、进一些货物开张营业。如果你想多赚钱的话，就先得准备为这条街上的街坊邻居们做些什么。"

年轻人问："我先做些什么呢？"

他的父亲想了想说："要做的事很多，比如，街上的树叶很少有人打扫，你每天清晨可以将街上的落叶扫一扫，还有，邮差每天送信，有许多信件很难找到收信人，你也可以帮忙找一找，然后将信及时送给收信人，另外，还有许多家庭需要得到一些一伸手的小帮助，你可以顺便给他们帮一把……"

年轻人不解地问："可这些跟我开商店有什么关系呢？"他的父亲笑笑说："如果你想把自己的生意做得好，这一切都会对你有帮助，如果你不希望把生意做好，那么这一切也许对你没有多大的作用。"年轻人虽然半信半疑，但他还是像他父亲说的那样去——做了，他不声不响地每天打扫街道，帮邮差送信，给几家老人挑水劈柴，谁遇到困难需要帮助，年轻人听说就去了。不久，这条街上的人们都知道了这个年轻人。

半年后，年轻人的商店挂牌营业了，让他惊奇的是，来的客户非常的多，远的、近的，差不多一条街上的街坊邻居全都成了他的客户，甚至街那边的一些老人，舍弃距他们较近的门店而不入，拄著拐杖，很远地赶到他的商店里来买东西。他惊讶，问他们说："你家的门口就有商店，怎么却要舍近求远呢？"他们笑笑说："我们都知道你是个好人，来你的店里买东西，我们特别放心。"后来，他送货上门，遇到一些暂时困难的人家，他总是先让他们取需要的货物，等什么时候人家有钱了，再来给他还上，知道有人遭遇了不幸，他会主动登门慷慨相助。

几个月后，邻街上的许多人也纷纷涌到他的店里来买东西，又过一年

多，全城人都知道了他和他的小店，都一齐涌来了，于是他在另外一些街道上开起了一个个分店、连锁店，生意滚雪球般越做越大，钱当然也越赚越多，仅仅几年的时间，他就从一个不名一文的年轻人，摇身变成了一个拥有资产千万的企业家。

有一天记者采访他，问他短短几年为什么能有如此大的收获时，他想了想说："因为在学会收获前，我先学会了付出！"

人生中，在通往成功和富足的路上，我们往往并不是缺少机遇，而是无法好好地把握它。生活有着它丰富的内容，它也会以多种方式给予你无尽的快乐。只是有些人一开始就有些误解，总以为只有从生活中索取才能使一个人快乐。其实不然，站在生活这一朴实的话题面前，我们应该明白一个道理，那就是给予比接受更令人快乐。

付出是一件幸福的事情，如果还能付出，说明你还拥有，不然你拿什么付出呢？而拥有，就该值得珍惜，拿出自己的拥有，带给别人欢乐，这是一件幸福的事情。人生的每一次付出，就像在空谷当中的喊话，你没有必要期望要谁听到，但那绵长悠远的回音，就是生活对你的最好回报。

生活是一个大天平，要维持它的平衡，你的收获和你的付出必须持平；生活也是一个好老师，正是它循循善诱地教导我们：在取得之间，先学会付出，真正的不劳而获是不存在的！

单人难以胜利，独木难以成林

滴水不成海，独木难成林。孤雁难飞，孤掌难鸣。一滴水只有放进大海里才永远不会干涸，一个人只有当他把自己和集体事业融合在一起的时候才能最有力量。

很久以前，有一个人看到了蚂蚁的壮举——突如其来的水包围了一小块陆地，那一小块陆地有许多的蚂蚁，是蚂蚁的家园。蚂蚁们对水是很敏感的，因为它们不会水。天要是要下大雨了，它们总是能够预先知道，于

是就能看到它们浩浩荡荡搬家的场面。但是这一次它们无法预先知道，因为这一次是人祸——那个人挖开了沟渠，要浇灌他的菜园子。天灾可以预知，但是对于人祸蚂蚁们就无法预知了。蚂蚁们爬出了洞穴，一阵慌乱。逐渐地，蚂蚁们有秩序了，它们聚拢，聚拢，聚拢成了一个大大的蚂蚁团。这时候水漫了上去，蚂蚁团就漂在了水面上，而且在微风的吹动下，蚂蚁团在水面上慢慢地向前滚动。没有一只蚂蚁松手，那蚂蚁团好像向前漂得很轻灵。终于，它们抵达了陆地。于是，它们分散开来，又一次开始重建家园。这情景让人看得呆了。他在想，假如有蚂蚁怕危险不想在最外边呆着，而是想在最里边呆着比较安全，还会有那紧密的蚂蚁团吗？假如有更多的蚂蚁这样想，还会有蚂蚁团吗？他的脑海闪现了一个词——团结。这是他因为目睹蚂蚁的壮举而创造的一个词！他想：这是一个多么好的词啊！他把蚂蚁的壮举讲给他的子孙，临了总要说一句："团结啊！"他的子孙把蚂蚁的壮举讲给他们的子孙，临了总要说："这就是团结啊！"后来蚂蚁的故事传丢了，但是总会一代叮嘱一代："团结啊！"

奥斯特洛夫斯基曾说过："谁若与集体脱离，谁的命运就要悲哀。集体什么时候都能提高你，并且使你两脚站稳。"

可见，团结和集体的力量所起的作用。人心齐，泰山移啊！

从前，某个森林内，住着一只两头鸟，叫"共命"。遇事向来两个头都会讨论一番，才会采取一致的行动，比如到哪里去找食物等。

有一天，一个头不知为何对另一个头发生了很大误会，造成谁也不理谁。其中有一个头，想尽办法和好，希望还和从前一样快乐地相处。另一个头则睬也不睬，根本没有要和好的意思。

如今，这两个头为了食物开始争执，那善良的头建议多吃健康的食物，以增进体力；但另一个头则坚持吃毒草，以便毒死对方才可消除心中怒气。和谈无法继续，于是只有各吃各的。最后，那只两头鸟终因吃了过多的有毒的食物而死去了。

这个故事告诉我们：只有合作，才能谋得出路。

在生活中，不管是同事之间的关系是一种竞争合作的关系。

真正聪明的人，从来不会因为自己的成功而沾沾自喜地独享荣誉和快乐，而是如何消除他人的妒忌和不安心理。最好的办法是把你的成就和荣誉归功给大家，和大家一起分享。一旦别人分享了你的成就和快乐，不仅会消除对你的妒忌，还会为你"有福共享"的精神所感动。这样才能积累人脉，为更大的成功打下基础。懂得分享，能获得他人的友情，才能收获丰硕的果实。

学会与人分享，让生活更完美

分享是影响人成功的很重要的品质之一，也是促使一个人产生幸福感的重要因素。一位研究经济的人士写过这样的一篇文章《学会分享——成功企业家的秘诀》。这篇文章主要提到了着名的企业家马云的分享精神。在经济危机到来之际，马云指出："企业要想发展，要想成功，不仅要将自己的财富分享给别人，还要学会分享责任。"

通过许多企业家的成功经历可以发现，懂得分享的人才会交到朋友，才能在日后确立自己牢固的人脉关系，才能为自己的事业开辟新的天地，而他自己也必然是一个幸福的人。

一个企业家讲述了自己亲身经历的一个故事：

这个企业家毕业于北大，当年在学校读书时，他们宿舍有一个家住在北京的同学。这个同学每到周末都会回家，周日晚上就会回来，他回来时会带上六个苹果。起初宿舍里的同学很高兴，以为是一人一个，结果他是自己一天吃一个，没有舍友份儿。宿舍里其他同学看在眼里，虽然嘴上都没有说什么，因为苹果是人家自己的，不给你也说不出什么来，可是，心里都公认他太自私。因为他们一群男孩子在一起，有什么好吃的都是大家拿出来一起吃，直到吃光了为止，没有人会留给自己吃完了再接着吃的。

后来，他们宿舍有一个同学成功了，成了企业家。因为企业需要人

手，这个企业家觉得还是同学可靠，就把当初同宿舍的几个同学都叫了过来一起干，但唯独没有邀请那个自己独吃苹果的同学。这个同学的事业也并不顺利，因为找不到好的机会，就给这个企业家同学打电话，想请给他一个机会，也到他公司来工作。可是后来大家一商量，一致不同意他来加盟，原因很简单，因为在大学的时候他从来没有体现过分享精神。

还有另一个与此类似的故事，发生在新东方教育集团的总裁俞敏洪的身上。俞敏洪也曾就读于北大。在学校时，他经常做一件看似很吃亏的事情：每天都拎着宿舍的水壶去给同学们打水。本来，大家一起用水，应该共同来打，或者轮流来打，可是俞敏洪不觉得打水是一件吃亏的事情，他每天都自己负责宿舍的热水供应。他不知道这件事会给他带来什么，但是认为自己也并没有因此吃亏。

十年过去了，俞敏洪创办了新东方，开创了自己的事业。到了1995年年底的时候新东方做到了一定规模，俞敏洪知道单凭一己之力，难以发展这个事业了，他希望找到合作者。然而，他也清楚这样的道理，最好是找志同道合的朋友。于是，他就跑到了美国和加拿大去寻找他的那些同宿舍的同学。要知道，他的同学关系发展得也很好，俞敏洪一提出请求之后，他们都回来了。俞敏洪都没有料到同学会这么给自己面子，后来，就问他们为什么这么做，同学们给了他一个让他惊奇的理由："俞敏洪，我们回来是冲着你过去为我们打了四年水。我们知道，你有这样的执着精神，所以你有饭吃肯定不会只给我们粥喝。"

俗话说："独乐乐不如众乐乐"一个人学会分享，并不是自己的东西越来越少了，并不是自己吃亏了，随着你与他们的分享，虽然看似少了，其实是无形中增多了。与别人分享自己的东西，并不是吃亏，而是一种幸福。

所以，在生活中，我们要懂得学会分享，这样我们和他人才会得到更多的收益，我们的生活才会更加丰富多彩，我们的人生才会更成功，更快乐。多一些分享吧，世界会因此更加开阔起来，生活会因此更幸福。

有人这样说过，乐于分享，是一种心胸宽广、大度无私的表现。因为

这种宽广和无私，你的世界才会变得宽大。因为在你与人分享的同时，也会得到别人的回馈。与不同的人分享，你会得到不同的利益。所以，对我们来说，要抱有一种乐于分享的心态，不要因为担心一时的吃亏，而把自己封闭在一个小世界里。给自己更宽阔的心胸，更大的舞台，从学会分享开始建造我们的幸福吧！

关于分享，有下面这样一段经典的话语：

当你拥有五个苹果的时候，千万不要把它们都吃掉，因为即使你把五个苹果全都吃掉，也只是品尝到了一种味道——那就是苹果的味道。如果你把五个苹果中的四个拿出来给别人吃，尽管表面上你少了四个苹果，但实际上你却得到了其他四个人的友情和好感。当别人有了别的水果的时候，也一定会和你分享。你会从这个人手里得到一个桔子，从那个人的手中得到一个梨，最后你可能就得到了五种不同的水果，尤其是收获更多的友谊。

路过的陌生人，也许就是贵人

现今社会，"不要与陌生人说话"或者"不要和陌生人交心"成为一种普遍的规则。当你行走在清晨的上海街头，如果你微笑着向一个不认识的人喊"早上好"，他一定是一脸惊诧。而如果你是一个三十多岁的男人，向一位二十多岁的女郎这样表现，你就很有可能被回敬一句"神经病"。

畅销漫画作品《向左走，向右走》有这样的一些描述：都市里的大多数人，一辈子也不会认识，却一直生活在一起。如果你生活在大都市里，是否也有相同的感受呢？

人生中有很多这种与陌生人的际遇。我们出门在外，离开家后，每个人都无法避免要与陌生人打交道。同时，在每个人的人生际遇当中，可能都与陌生人存在着或多或少的机缘。

一个阴云密布的午后，由于一时急速的倾盆大雨，行人们纷纷进入就

近的店铺躲雨。一位陌生的老妇也蹒跚地走进费城百货商店避雨。面对她略显狼狈的姿容和简朴的装束，所有的售货员都对她视而不见。

这时，一个年轻人诚恳地走过来对她说："夫人，我能为您做点什么吗？"

老妇人莞尔一笑："不用了，我在这儿躲会儿雨，马上走。"老妇人随即又心神不定了，不买人家的东西，却借用人家的屋檐躲雨，似乎不近情理，于是，她开始在百货店里转起来，哪怕买个头发上的小饰物呢，也算给自己的躲雨找个心安理得的理由。

正当她犹豫徘徊时，那个小伙子又走过来说："夫人，您不必为难，我给您搬了一把椅子放在门口，您坐着休息就是了。"

两个小时后，雨过天晴，老妇人向那个年轻人道谢，并向他要了张名片，就颤巍巍地走出了商店。

几个月后，费城百货公司的总经理詹姆斯收到一封信，信中要求将这位年轻人派往苏格兰收取一份装潢整个城堡的订单，并让他承包自己家族所属的几个大公司下一季度办公用品的采购订单。

詹姆斯惊喜不已，草草一算，这一封信所带来的利益，相当于他们公司两年的利润总和。他在迅速与写信人取得联系后，方才知道，这封信出自一位老妇人之手，而这位老妇人正是美国亿万富翁"钢铁大王"卡内基的母亲。

詹姆斯马上把那位叫菲利的年轻人，推荐到公司董事会上。

毫无疑问，当菲利打起行装飞往苏格兰时，他已经成为这家百货公司的合伙人了。那年，他22岁。随后的几年中，他成为"钢铁大王"卡内基的左膀右臂，事业扶摇直上、飞黄腾达，成为美国钢铁行业仅次于卡内基的富可敌国的重量级人物。

就这样，菲利以善待陌生人的一个举动——以一把椅子的问候，体现出了他为人的忠实和诚恳，从而获得了贵人的青睐。

也许你会觉得这样的机会是千载难逢的，纯属巧合，其实不然，很多的时候，陌生人就是乔装而来的贵人，他在随时考验着你。就像菲利一

样，因为他有对待陌生人一颗爱心，他才会得到贵人的垂青。一个没有爱心的人，只会让贵人与自己擦身而过。

由此可见，一个人对待陌生人的态度，对他的成功有着至关重要的影响。

一个盲人在路上孤单地走着，另外一个人过来把他引上正路，可是盲人却不知道给他指路的人是谁。

当半夜时分，生病的旅行者发出沉重呻吟的时候，有一个人一直服侍他到天亮。清晨，旅行者死了，可是他到死也不知道这位服侍他的人是谁。

一个人走在路上，把食物送给孩子们，在沙漠中把水送给了一位渴得要死的人，把自己的干粮平分给饥饿者。可是，谁也不曾与他相识。

……

陌生人都与我们形影不离，就像空气一样，无论是车水马龙的大街，还是工作中的各种商务交往中。然而，大多数人认为，虽然陌生人随处可见，却似乎都是与我们毫不相干的人。事实果真如此吗？

中国的传统观念认为一个人成功似乎都离不开"贵人相助"，因此，每个人都渴望生命中的贵人的现身。因为人人都知道，贵人是我们通往成功的捷径。可是，大多数人都不知道，贵人有时候就隐藏在与你素不相识的那些陌生人当中。

不知你是否留意过那些成功人士，特别是那些人际交往的高手，他们往往能够通过自己的言谈举止，让初次见面的陌生人产生一见如故的感觉，这样轻而易举拉近了彼此之间的距离，不仅交了新朋友，而且轻松促成了业务合作。

亚里士多德曾经告诫世人：对陌生人应该友好，因为每一次与陌生人相遇，都是一场战争。这话堪称至理名言，如果你能把握好与陌生人沟通与相处的尺度，往往能够将其转变成你的朋友和贵人，同时，主动结交陌生人，也是扩大你社交圈，获得更多成功的有力条件。

Chapter 7
这辈子，放宽心走更宽的道路

一位哲人说："你的心态就是你真正的主人。"

一位伟人说："要么你去驾驭生命，要么是生命驾驭你。你的心态决定谁是坐骑，谁是骑士。"

一位艺术家说："你不能延长生命的长度，但你可以扩展它的宽度；你不能改变天气，但你可以左右自己的心情；你不可以控制环境，但你可以调整自己的心态。"

如果我们每个人都能以宽容的态度对待他人，不知会从中收获多少快乐。其实，当我们苛求、责备他人时，我们自己也在生气，这又何苦呢？如果人人都多几分宽容，人与人之间的关系就能更亲密、更融洽、更和谐。惟有如此，我们的社会也才会更加和谐，我们的生活才会多些花好月圆，阳光灿烂的日子。宽容好像一面镜子，你冲它笑，它就开怀拥抱你；你讨厌它，它会躲得你远远的，给你一个烦恼的谜底。当你和曾发生矛盾的朋友、同事主动握手言和时，当你在家庭生活中与爱人善意地妥协时，宽容便是甜润的春雨，冲刷了积淀于彼此心中的不悦。

宽容是种睿智，更是一种淡定

世界是多变的，也是精彩的，保持一颗平常心来看待世界，宽容别人，善待自己，你将领悟到不一样的人生风景。

宽容是一种睿智，一种胸怀，一种淡定，更是一种乐观的面对人生的精神。宽容之心是一种智慧之心，它能使人正确辩证地认识问题，判断问题，正确地找到真正重要和有价值的方面，用大智慧来解决问题。以宽容之心对待他人，你的人生和生活就会和谐愉快。

法国大文豪雨果曾经这样感叹："世界上最宽广的是海洋，比海洋更宽广的是天空，而比天空更宽广的是人的胸怀。"我国古语也说，"天地本宽，鄙者自隘"。

林肯总统一向以宽容之心对待政敌，后来还引起一个议员的不满，议员说："你不应该试图和那些人交朋友，而应该消灭他们。"林肯微笑着回答："当他们变成我的敌人，难道我不正是在消灭我的朋友吗？"

没有宽容之心，就会在别人伤害你之后，你自己再持续双重损害自己。会一直处于委屈、怨愤、嫉恨状态之中，用别人的过错来不断地折磨自己——但对于解决问题来说，则一点也没有帮助。但宽容之心是有底线的，它不是包庇、纵容，不是无原则的退让，更不是以损害整体利益为代价的妥协，而是建立在平等交流、和谐共处原则上的相互尊重、相互谅解、相互信任、相互支持。

拥有宽容之心不是让人们去当好好先生，做老好人，那样，只能助长坏人的气焰，毒化社会空气。宽容之心是有原则的。要分清问题的大小轻重，忽略小的，轻的，但决不宽容大的，重的。对罪犯的宽容之心就像农夫对待蛇一样，会带来更大的伤害，对邪恶的宽容之心会带来得寸进尺的后果。

有宽容之心是一种智慧，能明辨大小轻重，从而进行取舍的智慧。因

此，它也就是一种生活的智慧，或者说，就是如何处理日常工作生活中的人际关系的智慧。

宽容是治疗人生不如意的良药。世上没有完人，我们只是充满情感、带有偏见、自制不足、贪心有余的普通公民，在现实生活中不如意之事十有八九。面对一些我们无法改变的现状和不可补救的事情，与其斤斤计较、尖酸刻薄、痛苦悲伤、怨天尤人，不如一笑了之，多一点宽容和幽默。宽容自己的局限，宽容别人的偏见，宽容父母的唠叨、宽容孩子的顽皮、宽容朋友的欺骗，将生活过得轻松惬意，让胸襟自然豁达。

宽容不是浅薄的玩世不恭、看破红尘。宽容是一种生命的智慧，一种以超越自己的悲观垫底（正视自我之渺小的悲观）执着追求的人生态度。宽容不是对假、丑、恶的投降和妥协，而是对他们的包容和吸收，宽容的胸怀如同大海，海洋以她广大的胸怀接纳许许多多垃圾和废物，在太阳和风的作用下，经过盐性消毒处理，一切都转化成有用、美好而使人振奋的臭氧，而这些臭氧形成的臭氧层又保护着我们这个星球中的一切生命和绿色。

宽容是人在生命的旅途中迟早会发现的一个非常简单的真理。宽容是对付人生苦难的手段，是为享受生命乐趣服务的。拥有宽容豁达境界的人，将拥有更多的享受生命快乐的情趣。但愿我们这些宇宙中的匆匆过客，拥有像大海一样宽阔的心胸。以豁达的人生态度、宽容的人生视角、健康的心理状态，将平凡的日子过的美好些，让生命染上更多的绿色。

大雁结伴飞行的启示是深刻的，一盘散沙难成大气。一支团队成员之间必须团结一心，大家充分发挥凝聚力精神，才能战无不胜。乐于分享共同的目标与集体感的人，可以更快地实现个人目标。如果我们能够像大雁一样，凭借彼此的帮助和鼓舞就能更快地向前飞行。让人生没有忧伤、忧思，远离忧恐、担忧，这一切皆始于人格和内心的仁厚。由于宽和仁，所以你可以忽略了很多细节不去计较，因为豁达，所以你可以不纠缠于这个世界给予你的那些得失。

宽容不是怯懦，而是克服困难的一种理性的抉择；宽容不是妥协，而

是为了更好、更强地站立。一个人学会宽容，便成就了一种仁爱做人的胸襟，那么，他的人际关系一定是融洽的，和谐的，而这个人最终在团队的合作中必定会有所作为。

宽容不是一种无奈，而是一种胸怀，一种美德，一种力量，一种关照。对人宽容，需要的是一点点理解和大度，但往往能带来意想不到的收获。

学会宽容是一种谦和的做人品格，是一种踏实的人生态度。社会就像一阵惊涛骇浪，冲入顶尖功成名就，但那惊美的一刻短如瞬息；落下来便沉入最低谷。所以还不如脚踏实地做人，勤勤恳恳做好本职工作；从简单的收获中品味一份真实的喜悦。

能饶人则饶人，为自己留余地

俗话说："三十年河东，三十年河西。"其实，这句话是有源头的，以前黄河河道不是固定的，经常会因为河水泛滥而改道。有个地方原来在河的东面，但是，过了若干年后，黄河改道，这个地方竟然变成了河西之地。而这句话，经常被人们用来比喻人事的盛衰兴替、变化无常，难以预料。

这句话所蕴含的人生哲理，自然是做人要厚道，要给自己留足后路，给他人留足余地。

宽容别人，给别人留余地，也就是为自己留余地。只有懂得宽容，才会有良好的人际关系，路才会更宽，人生才会多一分快乐，少一分烦恼！学会宽容，我们才会发现，生活很美好，世界很美丽。

在清朝吴敬梓的《儒林外史》中的第四十六回，有这样一段话：

"大先生，三十年河东，三十年河西。就像三十年前，你二位府上何等气势，我是亲眼看见的。而今彭府上，方府上，都一年胜似一年。"

可见，做人不要太嚣张，得饶人处且饶人，给人留足余地，避免来日

落魄之时，遭到他人的侮辱和讥讽。

事实上的确如此，我们每天有相当一部分时间在和同事打交道，难免会发生各种言语上的冲突，但不管谁是谁非，无论从哪个角度来说，"得罪"同事都不是一件好事。因此，话不要说得太满，要为自己留余地。

小张是某公司销售部员工。在一次销售大会上，同事小李谈了一些自己对当前销售前景的看法，并提了一些具体的建议，这引起了小张的强烈不满。心直口快的小张丝毫不隐瞒自己的观点，在会上慷慨激昂地进行反驳，以他对市场调查得来的第一手资料，说得小李面红耳赤，哑口无言。

小张为逞一时之快，实话实说，可导致的结果是小李经常在领导面前说他心高气傲，目中无人。后来领导一纸调令，小张被"流放"到仓库去当仓库管理员了。

把握好说话的分寸，管住自己的舌头，知道什么该说，什么不该说，该说的时候说得恰到好处，你的话才不会恼羞他人，"祸"就不会从口出，"火"也不会烧到你身上。

在生活中，我们无私地宽容他人，给他人留足了余地，也是为自己留下了余地。给他人台阶下，也是给自己台阶下。能容人处且容人，说话做事给自己留足余地，也给他人留有余地。

小李是一个毕业三年的女大学生，跟小刘是同事，同一年进入这家公司，两个人在一间办公室里工作。公司的人称这是一对金童玉女，天生的一对。但是，小刘从来不会多看小李一眼，小李对小刘也是同样的冷若冰霜。

原因很简单，两个人已经为入住隔壁那间经理室已暗斗了三年。

女人有时候为了达到自己的目的甚至会做出一些出乎自己意料的举动。很多时候，连小李自己都会觉得自己卑鄙。小李常会在小刘审查即将送交的文案的时候，趁小刘转身离开，迅速将小刘的文案永久删除。尽管小刘对这一切都看得清楚，但是，他依然装作并不知情。

一次，公司组织游玩，晚餐的时候，小李喝了很多饮料，不顾一切地跑进厕所。

但是，小李在进入厕所以后，才发现，小刘在里面，裤子的拉链都没来得及拉上。当小李意识到自己走错了厕所的时候，呆在那里，不知所措。

而小刘只轻轻地说了一句："还不快走。"

小李急忙满脸通红地退出。尽管心中还在感激小刘的平静，但是，却又想到了小刘会把这事传到其他人耳中，而且甚至会加油添醋，毕竟，小刘在公司是她唯一的竞争对手。

但是，小李迟迟没有等来别人的嘲笑，这段尴尬的插曲好像就不曾发生一样，一个多月过去了，甚至没有人对小李露出讥讽的眼光——包括小刘。

小李明白了，小刘宽容地原谅了自己过去的算计，自己的那些卑劣手段，成为了小李心中永远的结。

没过多久，小刘入住了隔壁那间经理办公室，而小李则成为了小刘的下属。在小刘正式升职那天，他微笑着对小李说："其实，你做的一切我早就知道了，只是，我觉得，报复不会让一个人成功。"

小李的心结彻底打开。报复并不能让一个人成功，能带来的只有无休止的妒恨与痛苦。而宽容，是战胜仇恨的最好武器，是走向成功最重要的砝码。从来不曾安心工作的小李坐在自己的办公桌前安心地做着文案，因为她知道，自己住在宽容的隔壁。

释迦牟尼说：以恨对恨，恨永远存在；以爱对恨，恨自然消失。宽容是一种博大的精神境界，是一种高贵的美德。有了宽容，人与人相处才会多一些理解和真善，世界才会变得更美丽。有了宽容，人生之路才会越走越亮丽。

"海纳百川，有容乃大"，宽容是一剂打开心结，化解坚冰的良药，有了宽容，世界才会更美丽，有了宽容，生活才会更美好。能容人处且容人，这是一种为人处事的智慧，是美好人生的魔法棒。宽容别人，给别人留余地，为自己留余地。学会宽容，我们才会发现，生活很美好，世界很美丽。

怀有宽容之心，是种处世智慧

宽容之心是一种拥有大智慧之心。

支离疏并没有怨恨上天的捉弄，反倒满怀地感谢上苍独钟于他。

平日里，支离疏乐天知命，舒心顺意，日高尚卧，无拘无束。替人缝洗衣服、簸米筛糠，以此养家度日。

当君王准备打仗，在国内强行征兵时，青年汉子如惊弓之鸟，四散逃入山中。而支离疏呢，偏偏耸肩晃脑去看热闹。他这副尊容谁要呢，所以他才敢于那样无拘无束。

当楚王大兴土木，准备建造皇宫而摊派差役时，庶民百姓不堪骚扰，而支离疏却因形体不全而免去了劳役。

每逢寒冬腊月官府开仓赈贫时，支离疏却欣然前去领到三盅小米和十捆粗柴，仍然不愁吃不愁穿，一副怡然自得的样子。

一个在形体上支支离离、疏疏散散的人，尚能乐天知命。借自然的心性，安享天年。对于一个四肢发达，头脑健全的人来说，又怎么可能做不到以自然的心性快乐一生呢？

人在喧嚣浮躁中容易急功近利，火气炽盛，如果有了一份淡然，就可了却骄躁的心境，寻觅一个清静幽淡的所在，独享那份安详与平和，心不为世俗所扰，身不为物欲所驱，保持自然的本性，让人格升华，让情感净化，让心田润泽。

如果你以一颗晶莹剔透的心，一种恬静淡然的心境去欣赏这个世界上的每一处美景，那么在你眼里，整个世界都如你的心境一般纯净；反之，如果你若尘俗之人一样的污浊泥泞的心境，那么你就会像厌恶自己一样对整个世界失去希望。

当然，淡然并不是让你在现实中碰壁，便归隐山林，以梅为妻，以鹤为子，借以躲避现实，躲避世事纷扰。淡然应是一种淡泊，一种超脱，更

是一种平和。平和是一种心态，宁静、澄清、空明，亦如柯灵知先生所言："喧闹如山野之闲花，明静如寒潭之秋水。"

保持心灵的淡然和从容，在平和中酝酿生命的力量，像落叶一样宁静，得意时淡然，失意时泰然，淡淡地生活，静静地思考，让心境变得宽广。

正因这份淡然，映出了你生命的神圣与崇高，使你觉得天地辽阔与旷达……

正因这份淡然的施惠，使你觉得世界的美好，人生的多彩……

人生是漫长的，但在岁月的长河中不过是沧海一粟。生命是一个过程，岁月的长河会把我们带向人生的一个又一个驿站，回眸的刹那，也许会发现许多错过的风景，所以我们品尝到了人生的酸甜苦辣。所有成败得失，有时候就在一念之间，所以我们有时会开心至极，也会惆怅万千。

人可以不伟大，但至少要有一颗一尘不染的心。无论你置身于拥挤的闹市，还是倚靠在海边宁静的沙滩之上，只要有宁静的心境，一切外界因素都不再重要，每个人都活在自己的心境里。

月满则亏，水满则溢，这是世之常理。否极泰来，荣辱自古周而复始。因此，大可不必盛喜衰悲，得喜失悲。

在大得大失、大盛大衰面前，应保持一份淡然的心境。

不要斤斤计较，路才越走越宽

原谅别人，是对自己的最好方式。因为释放了自己，才能有健康自由的心态。

清朝时期，宰相张廷玉与一位姓叶的侍郎都是安徽桐城人。两家毗临而居，都要起房造屋，为争地皮，双方发生了争执。张老夫人便修书北京，要张宰相出面干预。这位宰相到底见识不凡，看罢来信，立即做诗劝

导老夫人："千里家书只为墙，再让三尺又何妨？万里长城今犹在，不见当年秦始皇。"张母见书明理，马上把墙主动退后三尺；叶家见此情景，深感惭愧，也马上把墙让后三尺。这样，张叶两家的院墙之间，就形成了六尺宽的巷道，成了有名的"六尺巷"。张廷玉失去的是祖传的几分宅基地，换来的却是邻里的和睦与流芳百世的美名。

相传古代有一位老禅师，一天晚上在禅院里散步，突见墙角边有一张椅子，他一看便知有位出家人违犯寺规越墙出去溜达了。老禅师也不作声张，轻轻走到墙边，移开椅子，就地而蹲。少顷，果真有一小和尚欲翻墙而入，黑暗中踩着老禅师的背脊跳进了院子。

当他双脚着地时，才发觉刚才踏着的不是椅子，而是自己的师傅。小和尚顿时惊慌失措，木然而立。但出乎小和尚意料的是，师傅并没有厉色责备他，只是以平静的语调说："夜深天凉，快去多穿一件衣服。"

我们可以想像听到老禅师此话后，小和尚会作何感受，在这种宽容的无声的教育中，徒弟不是被他的错误惩罚了，而是被教化感知了。

生活中不要为了一点儿小事斤斤计较，能容人之处且容人。

不斤斤计较是一种豁达。

英国一位著名的作家，出身极其穷苦，他的成功乃从艰苦卓绝之中，抱着百折不挠的精神，长期奋斗而来。他有一个习惯，那就是从不在乎别人付给他的稿酬多少。当他暮年时候，各大书局竟觅他的佳作，他的酬金版税也就丰富起来。但是好景不长，他不久就病危了。

这个消息一经传开，就有好多访问者，赶来探望，盼望知道他的遗嘱，好在各报发表。这帮人站在病床旁边向他请求说："老先生，你是奋斗恶劣环境的胜利者，那种百折不回，刻苦自励的精神，令我们敬佩无比。你已功成名就，对于我们这帮崇拜你的青年，景仰你的后生，有何教训；我们愿意知道先生的秘诀，胜利的方法，以作我们的指引。"那位老先生听了这番诚恳的请求，微微地睁开昏花的老眼向着他们看看，仍旧一言不答。

他们又向他请求说："老先生饶恕我们的麻烦，在你病中唠唠叨叨，

实在对不起，我们是报馆编辑，新闻杂志的记者，愿意听听先生最后的教训，不但我们获益，在报上发表以后，又将不知造福多少青年。因此务请不吝赐教，我们谨候恭听。"

"成功么？秘诀么？有，请看马太福音十六章二十六节。"老先生轻轻地说完上面的话，便阖上了眼，与世长辞了，他们一一记在纸上，连忙打开圣经看，见是："人若赚得全世界，赔上自己的生命，有什么益处呢？人还能拿什么换生命呢？"

没错，人即使得到了整个世界，却付出了整个生命，又有什么益处呢？因此，人一定不要斤斤计较个人的得失。

很多人都看过《大长今》这部电视剧，里面有很多感人的例子，尤其是国王中宗。由于国事繁忙，中宗常常忧心忡忡，因此长今时常劝他要敞开心扉，将自己内心积压的苦闷向最信任的人倾诉。中宗和长今接触频繁，渐生爱慕，尤其是当他知道长今就是多年前给他送酒的那个小姑娘时，更是觉得他和长今是缘分天生注定。可是当他知道长今和闵政浩的缘分比他还要深的时候，心中升起了一股醋意。

中宗问长今是不是喜欢闵政浩，长今点了点头，这时候中宗就陷入了痛苦的深渊。他明确地告诉长今，他爱慕长今，但不会逼她做自己不愿意做的事情。第二天，中宗约闵政浩比赛射箭，一时难忍心中的愤恨，想要致闵政浩于死地，但是终于还是忍住了……

中宗犹豫到底要不要封长今为后宫，此时闵政浩求见，告知中宗他曾经打算和长今一起逃离宫廷，但是又回到宫廷来，是因为长今想要发挥她的专长，继续行医，这是他爱慕长今的方式。他也恳求中宗爱惜长今的才华，不要封长今为后宫，但是要任命长今做中宗的主治医官。中宗终于下了决心，不畏一切艰难，任命长今为正三品堂上官，下赐大长今的称号，闵政浩则被流配到异乡。后来，中宗的病情每况愈下，他秘密下令让内侍府的人将长今送到闵政浩被流配的地方，希望两人远走他乡，避免被朝廷官员追杀，因为他知道自己再也无法保护长今了。

一位高高在上的国王，因为宽容和大度，终于使得长今和闵政浩有情

人终成眷属。应该说，作为国王，想得到一个宫女是再容易不过的事情了，但是他也知道，是自己的应该争取，不是自己的也不能勉强。

做人要学会宽容，懂的宽容别人！宽容应该是一种人类精神，是一种善；一种美；是一种胸怀和气度；更是一种境界。只有善良的人，心胸中才有宽容，只有慈悲的心灵里才能放得下宽容。

学会宽容待人，润滑人际关系

人非圣贤，孰能无过。用宽容来对待别人无意或有意的伤害，有如春风化雨，冰释雪化，对方定会投桃报李。宽容永远是人际关系的调和剂。因此，人生处世，当学会宽容。

宽容是做人的美德，也是一种明智的处世原则，是人与人交往的"润滑剂"。常有一些所谓的厄运，只是因为对他人一时的狭隘和刻薄，而在自己前进的道路上自设的一块绊脚石罢了；而一些所谓的幸运，也是因为无意中对他人一时的恩惠和帮助，而拓宽了自己的道路。

市场上，果贩遇到了一位难缠的客人。

"这水果这么烂，一斤也要卖5元吗?"客人拿着一个水果左看右看。

"我这水果是很不错的，不然你去别处比较比较。"

客人说："一斤4元，不然我不买。"

小贩还是微笑地说："先生，我一斤卖你4元，对刚刚向我买的人怎么交代呢?"

"可是，你的水果这么烂。"

"不会的，如果是很完美的，可能一斤就要卖10元了。"小贩依然微笑着。

不论客人的态度怎样恶劣，小贩依旧面带微笑，而且笑得像第一次那样亲切。

客人虽然嘴里挑剔不止，最后还是以一斤5元买了。

有人问小贩何以能始终面带笑容，小贩笑着说："只有想买货的人才会指出货如何不好。"

小贩完全不在乎别人批评他的水果，并且一点也不生气，不只是修养好而已，他称得上是一个聪明的人，聪明人常常是豁达的。豁达是一种博大的胸怀、超然洒脱的态度，也是人类个性最高的境界之一。一般来说，豁达开朗之人比较宽容，能够对别人不同的看法、思想、言论、行为以至他们的宗教信仰、种族观念等都加以理解、包容并尊重。不轻易把自己认为"正确"或者"错误"的东西强加于别人。尽管他们也有不同意别人的观点或做法之处，但他们依然会尊重别人的选择，给予别人自由思考和判断的权利。

一位哲人说过，如果大家希望享有自由的话，每个人都应采取两种态度：

在道德方面，大家都应有谦虚的美德，每人都必须持有自己的看法，不一定是对的态度；在心理方面，每人都应有开阔的胸襟与兼容并蓄的雅量，宽容与自己不同甚至相反的意见。

一次，理发师为周总理刮脸时，总理咳嗽了一声，刀子不小心把他的脸刮破了。理发师十分紧张，不知所措。周总理和蔼地说："不用着急，这不能怪你，我咳嗽前没有向你打招呼，你怎么知道我要动呢？"这桩小事，使我们从周总理身上看到了一种美德——宽容。

宽容犹如冬日午后的阳光，去融化别人心田的冰雪变成潺潺细流。一个不懂得宽容别人的人，是很愚蠢的人，他的生命也会显得很苍白；一个不懂得对自己宽容的人，会为把生命的弦绷得太紧而伤痕累累，抑或断裂，自断活路。

我们生活在一个越来越重视名利的社会里，但倘若太吝惜自己的私利而不肯为别人让一步路，这样的人最终会走投无路；倘若一味地逞强好胜而不肯接受别人的见解，这样的人最终会陷入世俗的河流中而无以向前；倘若一再地求全责备而不肯宽容别人的一点瑕疵，这样的人最终宛如凌空在太高的山顶，会因缺氧而窒息。

学会宽容，还有一个如何正确看待自己的问题。大凡骄傲的人，都会过高地估计自己，往往斤斤计较别人，动不动爱揪住别人的"辫子"不放。只有谦虚谨慎，才能赢得友谊，赢得理解和共鸣。记得四川东山凌云寺内弥勒佛旁有这样一副对联："笑古笑今，笑东笑西，笑南笑北，笑自己原无知无识；观事观物，观天观地，观日观月，观来观去，观他人总有高有低。"这副对联在告诉我们，要严于律己、宽以待人。对自己，要时时处处看到自己的无知无识；对别人，不仅要看到其缺点更要尽量发掘其优点。笑，并非笑人，而是笑自己无知无识。观，并非观别人之短，更要观人之长。因为任何事物都有长有短，任何人都是优点和缺点结合在一起的。因此，在日常生活和工作中，看待人和对待人，要努力做到善于赞扬人之长、容人之短，这样才能与他人和睦相处，从而建立良好的人际关系。

有人把"人"比喻为"会思想的芦苇"，虽小易变，因而情绪的波动，随时都在改变对事物的正确了解。人非圣贤，就是圣贤也有一失之时，我们何以不能宽容自己和别人的失误？

宽容是有原则和底线的，并不意味对恶人横行的迁就和退让，也非对自私自利的鼓励和纵容。谁都可能遇到情势所迫的无奈，无可避免的失误，考虑欠妥的差错。所谓宽容就是以善意去宽恕有着各种缺点的人们。因其宽广而容纳了狭隘，因其宽广显得大度而感人。

在生活和工作中，人与人交往的时候常常难免会产生一些争论，一些攀比，如果处理不好就会对彼此的生活和工作产生不良的影响。传统医学认为：怒必伤肝。轻者会使人心神不宁，伤身损气，影响身体健康，严重的会导致举止失常，甚至一时冲动会造成无法挽回的后果。生活中这样的事例举不胜举，逞一时口舌之快，因闲话惹得四邻不安、亲朋反目；唯利是图，引来杀身之祸。因此，何必争执你我谁是谁非，彼此间又何须说长道短。

郑板桥曾说过："吃亏是福。"这决不是阿Q式的精神自慰，而是一生阅历的高度概括和总结。三国时期的蜀国，在诸葛亮去世后任用蒋琬主持

朝政。他的属下有个叫杨戏的，性格孤僻，讷于言语。蒋琬与他说话，他也是只应不答。有人看不惯，在蒋琬面前嘀咕说："杨戏这人对您如此怠慢，太不象话了！"蒋琬坦然一笑，说："人嘛，都有各自的脾气秉性。让杨戏当面说赞扬我的话，那可不是他的本性；让他当着众人的面说我的不是，他会觉得我下不来台。所以，他只好不做声了。其实，这正是他为人的可贵之处。"后来，有人赞蒋琬"宰相肚里能撑船"。

《菜根谭》中讲："路径窄处留一步，与人行；滋味浓时减三分，让人食。此是涉世一极乐法。"可谓深得处世的奥妙。

《罗兰小语》中有这样一段话："既然无力兼济天下，那么就独善其身也好。从自己本身做起，让自己宽大些、平和些，多存几分仁恕，少用几分抱怨。承认自己和世界都是如此不完美的，所以也不必为此烦恼。"在这个世界上，除了自己，没有人可以给你带来心平气和的感觉，忘了不该想的东西，做一些对自身有益的事情，对我们自己和周围的人更宽容一些。老是抱怨自己过得不尽如意，自寻烦恼，只会让我们的生活与工作更加地不顺心。

拥有包容之心，能够看透人生

文豪雨果曾说过："世界上最宽阔者是海洋，比海洋宽阔的是天空，比天空宽阔的是人的胸怀。"是的，人的胸怀可以包容一切，我们应学会包容。

"水至清则无鱼，人至察则无徒"。学会包容他人，也就学会了关心和理解他人，也就懂得了享受快乐生活。学会包容，才能成就事业。公子小白尽弃前嫌，任管仲为相，终成春秋首霸；诸葛亮七放孟获，赢得了少数民族的心悦诚服。包容不是纵容，不是全部容受。古人曰"择其善者而从之，其不善者而改之"，对假恶丑不能包容。

人的心，是高山、海洋所不能比的，所谓"心如虚空"，就是放下顽

强固执的己见，解除心中的框框，把心放空，让心柔软，这样我们才能包容万物、洞察世间，达到真正心中万有，有人有我、有事有物、有天有地、有是有非、有古有今，一切随心通达，运用自如。

包容是一种修养、一种境界、一种美德，更是一种非凡的气度。拥有一颗包容之心，才是作为人最可贵的地方。然而很少有人能够懂得包容的真正含义，更难真正做到包容。要知道，包容是需要时间和行动来实现的，那是一种宽心的博爱。

包容对于一个人来说是尤为重要的。在长期的家庭生活中，它是吸引对方持续爱情的最终力量，它不是浪漫，甚至也可能不是伟大的成就，而是一个人性格的闪光点。这种闪光点是最吸引入的个性特征，而这种个性特征的底蕴在于一个人怀有的海洋般的包容心。

当然，包容也不是没有界线的。因为，包容不是妥协，尽管包容有时需要妥协；包容不是忍让，尽管包容有时需要忍让；包容不是迁就，尽管包容有时需要迁就。

从前有一个侏儒，他是一个落魄的商人，却娶了一个身材比他高许多的妻子。

自古以来，落魄的侏儒总是常人看不起和嘲讽的对象，直至今天这样的事也是屡见不鲜的。每当他从外面受了气回来，都会打骂自己的老婆发泄，而他的妻子一直默默地忍受着。有时，侏儒要打老婆够不着，就站在椅子上，命令妻子上前接受"家法"的惩罚，妻子还是默默地上前忍受"家法"。侏儒有时打累了，歇过后，竟然又接着打，可怜的妻子还是在忍受中缄默无语。

邻人看不过去了，私下里对这个可怜的妻子说："你那么大的个子和力气，打他一顿给他点颜色看看，让他以后不要再这样嚣张了。"

可侏儒的妻子却异常宽容地说："不错，我是可以做到那样，但他在外面一直受气，一直让人看不起，如果我同外人一样对他睚眦必报，那他还有活下去的勇气吗？"

章含之的《跨过厚厚的大红门》中有这样一段话：有一次，别人看到

乔冠华从一瓶子里倒出各种颜色的药片一下往口里塞，觉得很奇怪，问他吃的是什么药。乔冠华对他说："不知道，盒子里装的。她给我吃毒药，我也吞！"这是一种爱的表达。

乔冠华是何等尊贵的人物，他对爱的理解却是如此之深。其实每一个深爱着对方的人，都会心甘情愿地为对方献出自己的一切，去悉心地照料、庇护他所爱的人。如果人们不能互相包容，他们又有何幸福可言呢？

现实生活中，不能包容他人的人常常自找没趣，他们时常为一些鸡毛蒜皮的小事喋喋不休，争得面红耳赤。全然忘记了一位哲人"生气是把别人的错误拿来折磨自己"的劝告。记得中央电视台有一则公益广告：事情发生在熙熙攘攘的公交车上，一位女士对挤她的身后男士吼道："我说你挤我干嘛呀？没长眼睛哪？"那男士也没好言："你才没长眼呢，摆什么谱啊，有本事坐专车去。"这时，离他们不远的一位老人语重心长地说道，"我说年轻人哪，把心放宽些就不挤啦！"想必这种类似的情景在我们的现实生活中都遇到过。但我每每看到这则广告时就想，如果我们每个人都怀着包容的心来对待他人，那我们的社会将是多么的和谐。

在佛教里，有一个字可以来形容包容，那就是"空"。空是因缘，是正见，是般若，是不二法门。空的无限，就如数字的"0"，你把它放在1的后面，它就是10；放在100的后面，它就变成了1000。

虚空才能容万物，茶杯空了才能装茶，口袋空了才能放得下钱。鼻子、耳朵、口腔、五脏六腑空了，才能存活，不空就不能健康地生活了。所以，空是很有用的。

包容是海纳百川，厚德载物。越王勾践"十年生聚，十年教训"，终于能够兴师复仇，一雪前耻。他可以忍受卧薪尝胆的苦楚，却在灭吴后下令诛尽吴国宗室。

佛经言："一念境转。"面对他人的过错，我们是耿耿于怀、睚眦必报，还是选择一份包容、一份泰然？

懂得如何宽容，幸福才会更多

生活需要宽容，世界需要宽容。有了宽容，我们的胸怀才能像大海那样辽阔，有了宽容，我们的世界才会充满幸福和爱，有了宽容，幸福才会离我们更近一点。平凡的宽容中孕育着伟大，伟人的宽容却体现在生活中的每一件小事。一个被宽容的人是幸福的，一个懂得宽容的人，不仅给予了别人幸福，还给了自己幸福。

人生在世，许多事情并不如我们眼中看到的那般完美，宁愿糊涂一点，感恩永恒。一叶宽容，万念俱清。宽容是什么？宽容是理解，宽容是爱，宽容是仁，宽容是世界上最美好的东西。宽容自己，宽容他人，宽容别人，成全自己。有了宽容，宽容才能超越平凡，宽容才能超越自我，宽容才能融化他人心头的冰霜。

一天早上，发明大王爱迪生和他的助手们终于完成了一个电灯泡的制作实验。那是爱迪生和助手们忙了一天一夜的成果，每个人都非常高兴。

然后，爱迪生让助手们都回去休息，而留下一个年轻的助手，让他把制作好的这个灯泡拿到楼上的另一个实验室去。

这个助手小心翼翼地接过灯泡，慢慢地走上了楼梯，心里十分担心手里这个奇怪的新东西滑落到地上。但是，越这样想，心里反而越紧张，他的手就不由自主地打起哆嗦来，在他爬到楼顶的时候，长舒了一口气，而灯泡却落在了地上。这个年轻的助手顿时吓坏了，不知所措地跑下楼梯去找爱迪生。

爱迪生并没有因为这位助手的失误而责怪他。几天之后，爱迪生和助手们经过了一天一夜的努力，终于又制作出来一个电灯泡。

做完之后，自然还得需要有一个人把灯泡带到楼上去。爱迪生几乎都没有经过考虑，就把这个刚刚做的灯泡交给了先前摔碎灯泡的那个助手。

这一次，这个助手没有紧张，而是将灯泡完好无损地拿到了楼上。

后来，有人问爱迪生，"你心里原谅他已经做到了仁至义尽了，为什么还要将灯泡交给他呢？万一他再度紧张，又把灯泡摔碎了怎么办？"

爱迪生是这样回答的："原谅不能光是说说就行了，一定要做。"

在生活中，宽容是一种美德，是一种修养，是一种行动。只有宽容，生活中才会多一些快乐，多一份美丽。

清朝初叶的李绂作过一篇《无怒轩记》，他说，"吾年逾四十，无涵养性情之学，无变化气质之功。因怒得过，旋悔旋犯，惧终于忿戾而已，因以'无怒'名轩。"

宽容不是退让，宽容是为了和谐和平衡。宽容不是懦弱，是我们在用心来净化世界。投之以木桃，报之以琼瑶。宽容像播种在泥土中的种子，她会长出嫩绿的春芽；宽容像一支插在水平中的柳枝，她会在平淡中绽出新绿。

安西在一家公司任职营业部的经理。有一个员工总是没事找事给她找点麻烦，安西为此感到非常烦恼。她不喜欢这个员工的工作态度，决定找这个员工谈谈。为了避免在大庭广众之下发生争执，安西决定在家里给这个员工打电话。"是或否该解雇她呢？"她翻着手中的雇员卡，陷入了沉思。

安西想起了多年前的一桩往事。

那时，安西做着一份全日制的工作，目的就是为了帮助丈夫迈克顺利完成学业。终于，她等到了丈夫毕业的日子。安西和迈克的父母从美国南部赶来参加迈克的毕业典礼。安西早就为那天做了很多设想，毕业典礼以后，和丈夫一起去吃冰激凌，在镇上悠闲地漫步。

安西兴高采烈地走进工作的那家书店，对老板说："我希望能够在感恩节后的那个星期六休假，迈克要毕业了。"

但是，老板的回答让她感到了绝望。老板说："对不起，安西，你不能休假。感恩节那段时间将是我们书店最忙碌的一段时间，我们都需要你在这。"

安西简直不相信自己听到老板这样说，她为老板的不通情理感到生气。但是，她依然沉住气，辩解道："但是，我和迈克等这一天已经足足等了五年了。"

"当然，那天我不会给你安排工作的。"老板说。

安西急了，大声说："我根本就不能来，我是不会来的。"说完跑了出去。

以后的一段日子，安西和老板发生了冷战，老板问安西话的时候，她总是三言两语，表情十分冷漠。

安西和老板就这样持续了几周的冷战。临近感恩节的时候，老板主动约她谈谈。安西知道她得罪了老板，很有可能会遭到解雇，她盯着自己的脚，不敢看老板，告诉自己一定要坚强地面对即将到来的失业。

但是，老板的话却让安西感到无地自容，"安西，我不想在我们之间闹什么不愉快，我不想看到你的怒气和不快。"老板平静地说，"那天，我给你放一天假。"

安西一时间愣在那里，她不知道该对老板说什么。她为自己的狭隘、孩子气感到惭愧，为老板的谦卑和宽容感到无地自容。

"谢谢你，老板。"她终于挤出来一句话。

这件事这些年来一直在藏在安西的心底，现在，这件事又浮现在她的脑海中。她为自己考虑辞退雇员的想法感到惭愧，因为她想起了当年老板对自己的友善和宽容。于是，她决定，将这种宽容，这种友善传递下去。

于是，她拿出了那位员工的雇员卡，拨了她的电话，在电话里，她向那位员工表示道歉。在她挂电话的时候，两个人的关系已经和好如初了。

上帝把人们在生活中学到的东西藏在了人们的心灵深处，在需要的时候，它们就会浮现出来。安西的故事，让我们明白，宽容别人，比坚持"正确"更重要，更值得尊敬。

总之，有了宽容，世界多了一份美好，多了一份爱。有了宽容，世界才会更和谐，生活才会更幸福。紫罗兰把它的香气留在那踩扁了它的脚踝上。这就是宽容。有了宽容，你周围的世界才会更美丽，有了宽容，你的生活会少很多烦恼，多一些幸福。宽容别人，就是成全自己的幸福。宽容就像久旱之后的甘霖滋润着大地，它赐福于宽容的人，也赐福于被宽容的人。

Chapter 8
这辈子，要用知足让自己常乐

　　世界上没有两片相同的叶子，每个人都是赤手空拳来到这个世界，于是我们就变成了独立的和别人都不相同的个体。从父母孕育着我们生命到哇哇落地就预示着生命已经开始延续，预示着人生道路开始一步一步走向轨道，走向旅程。

　　一个不懂得满足的人，就会失去心灵的安宁，失去了做人的快乐。要想做一个虚极静笃的人，不但要常怀一颗无为的心、还要时刻保持一颗平淡的心，找回自我，让心灵回归，让内心和谐才是最为关键的！世间有许多诱惑：桂冠、金钱，但那都是身外之物，只有生命最美，快乐最贵。我们要想活得潇洒自在，要想过得幸福快乐，就必须做到：学会淡泊名利享受，割断权与利的联系，无官不去争，有官不去斗；位高不自傲，位低不自卑，欣然享受清心自在的美好时光，这样就会感受到生活的快乐和惬意。否则，太看重权力地位，让一生的快乐都毁在争权夺利中，那就太不值得，也太愚蠢了。

淡看名利得失，不计过眼烟云

在物欲横流的当今社会，常常听到有人用"看淡"或者"放下"的教诲来为人消除烦恼。据说这是佛教的精髓之一，百验百灵。实际上，"看淡"和"放下"说起来容易，做起来怕是要与登天可比了。

僧人的鞋子上面，左三个洞，右三个洞，为的是让出家人低头看得破。但是人在诸多欲望面前却很难看得破，因为很多时候当我们的眼睛紧紧盯着自己渴求的东西时，是很难低下头来看的。

在禅宗里有这样的一个故事：

有一位高僧，是一座大寺庙的方丈，因年事已高，开始考虑着找接班人。一日，他将两个得意弟子叫到面前，这两个弟子一个叫慧明，一个叫尘元。高僧对他们说："你们俩谁能凭自己的力量，从寺院后面悬崖的下面攀爬上来，谁将会是我的接班人。"

慧明和尘元一同来到悬崖下，那真是一面令人望之生畏的悬崖，崖壁极其险峻陡峭。身体健壮的慧明，满怀信心地开始攀爬。但是不一会儿他就从上面滑了下来。慧明爬起来重新开始，尽管这一次他小心翼翼，但还是从山坡上面滚落到原地。慧明稍做休息了后又开始攀爬，尽管摔得鼻青脸肿，他也没有放弃……让人感到遗憾的是，慧明屡爬屡摔，最后一次他拼尽全身之力，爬到半山腰时，因气力已尽，又无处歇息，重重地摔到一块大石头上，当场昏了过去。高僧不得不让几个僧人用绳索将他抬了回去。

接着轮到尘元了，他一开始也是和慧明一样，竭尽全力地向崖顶攀爬，结果也屡爬屡摔。尘元紧握绳索站在一块山石上面，他打算再试一次，但是当他不经意地向下看了一眼以后，突然放下了用来攀上崖顶的绳索。然后他整了整衣衫，拍了拍身上的泥土，扭头向着山下走去。

旁观的众僧都十分不解，难道尘元就这么轻易地放弃了？大家议论纷纷。只有高僧默默无语地看着尘元的去向。

尘元到了山下，沿着一条小溪流顺水而上，穿过树林，越过山谷……最后竟然没费什么力气就到达了崖顶。

当尘元重新站到高僧面前时，众人还以为高僧会痛骂他贪生怕死，胆小怯弱，甚至会将他逐出寺门。谁也没想到高僧却微笑着宣布将尘元定为新一任住持。

众僧皆面面相觑，不知所以然。

尘元向同修们解释："寺后悬崖乃是人力不能攀登上去的。但是只要于山腰处低头下看，便可见一条上山之路。师父经常对我们说'明者因境而变，智者随情而行'，就是教导我们要深知伸缩退变之理啊。"

高僧微笑着点了点头说："若为名利所诱，心中则只有面前的悬崖绝壁。天不设牢，而人自在心中建牢。在名利牢笼之内，徒劳苦争，轻者苦恼伤心，重者伤身损肢，极重者粉身碎骨。"然后高僧将衣钵锡杖转交给了尘元，并语重心长地对大家说："攀爬悬崖，意在堪验你们心境，能不入名利牢笼，心中无碍，顺天而行者，即是我中意之人。"

世间腐钝之人，执着于勇气和顽强者不在少数，但是往往却如故事中的慧明一样，并不能达到心中向往的那个地方，只是摔得鼻青脸肿，最终还是一无所获。在己之所欲面前，我们缺少的是一份低头看的淡泊和从容。低头看，并不意味着信念的动摇和放弃，只是让我们拥有更多的选择和回旋的余地。

有一个人自称棋迷的老王，他最大的乐趣就是同人家下棋。一次在闲聊中他说：他在二十岁的时候下棋的技术就很不错了，经常参加县里或市里的比赛。他为此很是骄傲，就连以前教过他的老师都不放在眼里了。有一天，他过生日，请了很多人。其中包括他的女朋友和教他下棋的老师。

宴席过后，他如同以往一样决意跟老师赛一盘棋。老师提出一个要求，每局都用一样物品做赌注。第一局用一百元做赌注，第二局赌老王最心爱的车子，第三局赌老王女友送他的生日礼物。老王痛快的答应了。结果第一局他轻松的就赢了老师。第二局的时候，老师很郑重地警告他说："不要太骄傲，如果输了，车就要不回去了。"老王当然知道车子在自己心中的重要位置，所以很用心地跟老师又过起招来。可是让他意外的是，他

这次没那么幸运，居然输了。在第三局中，老师又对他说，如果他赢了，不光可以保留住女朋友送他的礼物，还可以把车子也拿回去。于是他就更用心了，全部的精神都放在棋盘上。人们不可置信的是，他居然又输了。他怎么也想不通，平时自己轻松就可以赢得的胜利，怎么会如此大跌眼镜一再失败？老师最终当然没有要他的车子和他女友的礼物，临行前他送给自己这个弟子五个字："外重者内拙。"

老王明白了自己失败的原因：正因为他太在意车子和女友送他的礼物，所以思想上有了羁绊，过度用力和意念过于集中，因而将原本可以轻松完成的事情搞糟了。

看淡人生，以一种平静恬淡的态度去对待人生。不必对过去懊丧嗟叹，对未来斤斤计较。不必为未知的命运背上沉重的行囊。看淡人生，使心灵不再受世俗的羁绊，潇潇洒洒，淡淡定定，从从容容，快快乐乐。把紧锁的眉头舒展，让久违的笑声从心底传出，开开心心的生活，活出自我，活出从容，活出多彩！

人生应当知足，才能悠然喜乐

真正做到知足，人生便会多一些从容，多一些达观，从而常乐。

只有懂得知足的人，才能会有时间和心情感受快乐带给我们的美妙感觉。只有懂得节制自己欲望的人，才会真正地体会到快乐。快乐无价，懂得知足，我们才会更快乐。少一点贪婪，少一点自私，让我们学会知足，自由享受生命带给我们的快乐！

老子说："祸莫大于不知足，咎莫大于欲得。故知足之足，常足矣。"意思是说，祸患没有大过不知满足的了；过失没有大过贪得无厌的了。所以知道满足的人，永远觉得是快乐的。用叔本华的观点来说，不满足使人生在欲望与失望之间痛苦不堪。

有一个小朋友丢失了一个玩具，十分难过。正在寻找玩具的时候，一个大朋友见他可怜，就从自己的包里取出一个玩具给他。这时候，这个小

朋友显得更伤心，大朋友非常不解地问他："你现在不是得回一个玩具吗？为何还这样伤心？"小朋友回答说："因为我本可以有两个玩具。"

追求满足不了便产生了痛苦，而当一种欲望满足之后很快便又有了新的更进一步的追求。总是不满足，就总是有痛苦，真是"欲壑难填"。

人应该知足，承认和满足现状不失为一种自我解脱的方式。知足者想问题、做事情能够顺其自然，保持一份淡然的心境，并乐在其中。这并不是削弱人的斗志和进取精神，在知足的乐观和平静中，认真洞察取得的成功，总结经验，而后乐于进取，乐于开拓，为将来取得更大的成功鼓足信心，做好充分的准备。知足常乐，是个人永远的精神追求。

在前进的道路上，当我们取得一些成绩的时候，如果我们都能知足，就能够保持乐观的心态，在对待生活中的困难时，也会泰然处之。知足常乐，在烦躁与喧嚣中，会过滤掉压抑与沉闷，沉淀一种默契与亲善。

托尔斯泰曾经讲过这么一个故事：

有一个人一直以来都想要得到一块土地，地主就对他说，清早，你从这里往外跑，跑一段就插个旗杆，只要你在太阳落山前赶回来，插上旗杆的地就都归你。

于是那个人就拼命地跑，太阳已经偏西了还妄想多跑一段的路程，虽然已经尽精疲力竭，可是他不小心摔了个跟头，却再也没有起来。有人就在他倒下的地方，随便挖了个坑，就把他给埋了。牧师在为他做祷告的时候说："一个人要多少土地呢，就这么大。"正如《伊索寓言》所说："有些人因为贪婪，想得到更多的东西，却把现在所有的也统统失掉了。"

人生就像是一杯白开水，盛水的杯子华丽与否关系着这个人的贫与富。但是杯子里的水清澈透明，没有颜色没有味道，对任何人都是一样的，在以后的时间里，你可以任意地加糖、加盐，只要你喜欢。

于是，便有许多人无谓地往杯子里添加各种佐料，直到杯子里的水已经溢了出来，最后你喝到嘴里的水反而是一种苦涩的味道。

下面是另一个很有意蕴的故事：

几个人在岸边钓鱼，旁边有游客在欣赏美景。这时只见一名垂钓者把渔竿一收，钓上好大一条鱼，足有 3 尺长，落在地上依然翻腾不止。可是

垂钓者却摁着大鱼，解下鱼嘴里的鱼钩，顺手又将大鱼投进了海里。

周围观看的人们很是不解，难道如此大的鱼还不能让他满足吗？这个垂钓者的雄心可真够大的。

就在围观者屏息以待时，垂钓者的鱼杆又是一扬，这次钓上来的鱼也不小，足有 2 尺长，垂钓者仍旧是不看一眼，顺手又把鱼丢进了海里。

第三次，垂钓者的鱼杆再次扬起，这次钓线末端□这一条不足 1 尺的小鱼，围观的人们以为这条小鱼也定会被扔进大海，没想到垂钓者却将鱼解下，小心翼翼地放进自己的木桶里。

观看的人百思不得其解，就问垂钓者："你为什么舍大而取小呢？"想不到垂钓者的回答竟是："哦，因为我家里的盘子最大的不过 1 尺长，太大的鱼带回去，盘子盛不下。"

这个故事告诉我们，做人千万不要太贪，有贪得无厌就必有得不偿失，只有适可而止、知足常乐的人才是真正的智者。欲望永远都不会满足，不停地诱惑着我们去追逐物欲和金钱，然而过多地追逐利益只会使我们迷失生活的方向。

伊壁鸠鲁说："谁不知足，谁就不会得到幸福，即使他是世界的主宰也不例外。"

贪婪就是贪得无厌，是一种过度膨胀的私欲。然而欲望没有止境，就如同人心不足蛇吞象一样，不论是对美食、金钱还是权力等等，永远都得不到满足。因此，当欲望产生时，再大的胃口也无法填满，贪多的结果只能给自己带来更多的烦恼与麻烦。

正如《伊索寓言》里所讲的："有些人因为贪婪，想得到更多的东西，却把现在所有的也失掉了。"

所以，我们应该明白，就算是你可以拥有整个世界，一天也不过只能吃三餐。这是人生思索后的一种醒悟，谁懂得其中的含义，谁就过得轻松、活得自在，知足常乐，睡得踏实，走路也会稳健，回首往事也不会怀有遗憾。

因此，人生是这样的短暂，我们纵然身在陋巷，也应享受每一颗美好的时光。不论是喜欢一样东西也好，或是喜欢一个位置也罢，与其让自己

负累，倒不如轻松面对，即使放弃或者离开，也会使你学会平静。"身外物，不奢恋"是顿悟后的清醒。试想：即使你拥有整个世界，一日三餐，你只能到吃饱为止，一次也只能选择睡一张床，即使一个普通人也可以如此享受。所以，在诱惑面前切记要保持一颗清醒地头脑，因为生活中，鱼和熊掌不可能兼得。

古人的"布衣桑饭，可乐终生"是一种知足常乐的典范。"宁静致远，淡泊明志"中蕴含着诸葛亮知足常乐的清高雅洁；"采菊东篱下，悠然见南山"中尽显陶渊明知足常乐的悠然；沈复所言"老天待我至为厚矣"表达了知足常乐的真情实感。曾国藩认为人生一切都"不宜圆满"，以免乐极生悲，名其书房为"求阙斋"，体现了知足常乐的智慧。林语堂说半玩世半认真是最好的处世方法，不忧虑过甚，也不完全无忧无虑，才是最好的生活，这流露了知足常乐的幽默。

有一个民间故事。明朝有个人叫胡九韶，他的家境很贫困，一面教书，一面努力耕作，仅仅可以衣食温饱。但每天黄昏时，胡九韶都要到门口焚香，向天拜九拜，感谢上天赐给他一天的清福。妻子笑他说："我们一天三餐都是菜粥，怎么谈得上是清福？"胡九韶说："我首先很庆幸生在太平盛世，没有战争兵祸。又庆幸我们全家人都能有饭吃，有衣穿，不至于挨饿受冻。第三庆幸的是家里床上没有病人，监狱中没有囚犯，这不是清福是什么？"

快乐、幸福都是建立在知足的基础上的。这里并不是说不思进取，不前进，而是在自己的能力控制范围内循序渐进地前进。不要把太多不实际、不可能完成的事摆在眼前，不达到目的就绝不放手。

知足是一种处事态度，常乐是一种幽幽释然的情怀。知足常乐，贵在调节。这是一种人生底色，当我们在忙于追求、拼搏而迷失方向的时候，知足常乐，这种在平凡中渲染的人生底色所孕育的宁静与温馨对于风雨兼程的我们是一个避风的港口。休憩整理后，毅然前行，来源于自身平和的不竭动力。真正做到知足，人生便会多一些从容、多一些达观，从而常乐。

踏实做人做事，幸福快乐生活

如果给你一张报纸，然后重复这样的动作：对折，不停地对折。当你把这张报纸对折了 51 万次的时候，你猜所达到的厚度有多少？一个冰箱那么厚或者两层楼那么厚，这大概是你所能想到的最大值了吧？通过计算机的模拟，这个厚度接近于地球到太阳之间的距离。

没错，就是这样简简单单的动作，是不是让你感觉好似一个奇迹？为什么看似毫无分别的重复，会有这样惊人的结果呢？换句话说，这种貌似"突然"的成功，根基何在？

秋千所荡到的高度与每一次加力是分不开的，任何一次偷懒都会降低你的高度，所以动作虽然简单却依然要一丝不苟地"踏实"。

踏实做事不是要求我们埋头苦干，不管做什么是工作，只知道盲目蛮干是不行的，埋头苦干，只能说明一个人的工作态度。做人做事，只有做到尽心尽力，才能把事情做的尽善尽美。做人要用心，做事要尽力，用心思考，用心做事，不要为欲望所驱使，成为欲望的奴隶，要以一颗平常心来踏实做事，只有这样，才能带来真实的成功感。

弗尔年轻的时候曾经是一名邮务生，工作之初，他和其他的邮务生没有任何区别，一直在用陈旧的方法分发信件。这时发信方法的效率非常低。经常会有很多信件因为方法陈旧耽误几天甚至几周之久。

弗尔对这种现状自然不满意，他无时无刻不在绞尽脑汁想尽办法来提高自己的工作效率。白天的时候，他用心观察自己的工作情况，晚上在床上的时候他还会用心思考如何解决工作效率低的问题。没过多长时间，他竟然想到了一种把信件集合寄递的办法，这对提高信件的投递速度有了极大的提高。

这种方法很快就被批准推广开来，弗尔也因此升了职，不再是邮务生了。但是，在新的岗位上，他依然尽力做好每一项工作，用心思考工作。五年之后，他被提升为邮务局帮办，没过几年，他又被提升为总办，最后

他凭借这种尽心尽力做事的精神，升职为美国电话电报公司的总经理。

尽心尽力地把工作当成事业来做，按部就班地去做，只能把事情做对。只有尽心尽力去做，才能把工作做得的更完美，优秀的人才会更优秀。优秀的人，总会用心做事，把事情做得更好更出色。

尽心尽力，才能踏踏实实工作，把平凡的事情做得不平凡，踏踏实实做事，才能把每一件事做好，这本身就是一种成功。

下面一个真实例子可以说明"踏实"的巨大力量。

在美西战争爆发以后，美国必须立即跟西班牙的反抗军首领加西亚取得联系，因为加西亚将军掌握着西班牙军队的各种情报。但是，美国军队只知道他在古巴丛林的山里，却没有人知道确切的地点，因此无法联络。然而，美国总统又要尽快地获得他的合作。一名叫作罗文的人被带到了总统的面前，送信的任务交给了这名年轻人。

一路上，罗文在牙买加遭遇过西班牙士兵的拦截，也在粗心大意的西属海军少尉眼皮底下溜过古巴海域，还在圣地亚哥参加了游击战，最后在巴亚莫河畔的瑞奥布伊把信交给了加西亚将军，因此罗文被奉为美国的英雄。

看过《致加西亚的信》的人也许会觉得罗文所做的事情一点也不需要超人的智慧，只是一环扣一环地前进，因此认为把罗文塑造成英雄有点言过其实。但就是罗文的这种"一步一个脚印"，踏踏实实地把信送给加西亚，才使美国赢得了战争。踏实并不等于原地踏步、停滞不前，它需要的是有韧性而不失目标，时刻在前进，哪怕每一次都要前进很短的、不为人所瞩目的距离。然而"突然"的成功大多都来自于这些前进量微小而又不间断的"脚踏实地"。

踏踏实实做事，不管做什么事都要尽心尽力，这样才能把任何一件事都能做到尽善尽美。只要用心思考，用心办事，踏踏实实做事，认认真真做人，任何人都有成功的希望。只有踏实做事，认真做人，才能一步一步靠近成功，从而体会到真实的成功感。

意大利著名的指挥家、大提琴演奏家阿尔图罗·托斯卡尼尼一生到过许多地方，指挥过无数的乐团，也见过数不清的达官显贵。在托斯卡尼尼

80 岁的时候，他的儿子曾好奇地问他："你觉得一生中做过的最重要的事是什么？"

托斯卡尼尼想了想，说："我一生之中做的最重要的事情，就是我当下在做的事。对我来说，不管是去指挥一个交响乐团，还是在沙发上剥一个桔子，都是重要的事。"

"我一生之中最重要的事情，就是我当下在做的事。"对任何人来说都是一样，不管大事小事，只有做好当下的那就是一种成功；做好每一件平凡的事，这本身就是一种不平凡。

很多人在找工作的过程中很容易产生一种浮躁心理，尤其是那些刚刚走出大学校门的大学生。实际上，浮躁对我们做事毫无益处，反而成为我们成功路上的巨大障碍，不管碰到多少次失败，我们都必须保持踏实的心态，认真总结自己的经验和教训，锲而不舍。只有这样，我们才能真正地体会到成功的感觉，哪怕是微小的成功，带给我们的依然是幸福的感觉。

李二是一个头脑非常聪明的大学生。从小学到大学都是备受老师关注的尖子生。大四时，他参加了考研，别人起早贪黑地学习最后都没有考上，可是他轻而易举地就考了个非常知名的学校，并且分数还排在前面，以至于有人甚至说他是一个天才。

但是，很不可思议的是像他这样出类拔萃的一个人却在求职路上栽了一个又一个的跟头。他在找工作时，对一般的公司根本就不屑一顾，他觉得以自己的能力至少应该在一个著名的企业中担任一个经理，他相信一定可以找到能够慧眼识珠的老板，在茫茫人海中把他这匹千里马识出，然后把公司交给他管理。

周围的人都觉得他太浮躁了，于是劝他不要过于着急，凡事都应该慢慢来，现在找工作不能要求过高，将来在工作中如果你表现好的话自然就会升职的，可是他根本就充耳不闻。在求职当中，一开始老板都对他非常赏识，可是当他提出自己的要求时，老板都笑笑说："那是不可能的。"在接二连三的求职失败后，他终于认清了现实，最后还是在一家普通公司找了一份工作，他想起自己当初放弃了许多条件不错的工作，心里后悔不已，可是已经错过了。

李二求职之所以失败主要原因在于他过于急于求成，给自己定出了一个不切实际的目标。职场如同战场一样，不管你的能力多高，都需要在实际的工作中来检验，没有哪个工作单位会在一开始就给你安排重要的职位。你可以给自己定位很高，但是工作单位接不接受是另外一回事。求职是一个台阶，是一个显示自己的舞台，在这个时候，薪水和职位之类的问题不应过多地去考虑，浮躁对你毫无益处，老老实实地做一份工作，在工作中尽情地展示自己的才华，这才是最重要的事情。

浮躁心理是求职的大敌，是引发众多心理问题与心理障碍的根源之一，戒骄戒躁是求职者首先应该做到的。

一是充分做好求职前的准备工作。你要了解自己面试公司的全面信息，然后根据公司的性质来恰如其分地表现自己。比如你应聘的是市场岗位，你应该尽可能地表现出自己与众不同的想法和创意，你应聘的是销售岗位，你就应该积极主动地表现自己，因为销售人员需要的就是热情和活力，如果你应聘的是行政单位，你的一举一动都应该稳妥谨慎。

二是基于自己的优势，选择利于长期发展的工作。有的求职者在选择工作时只考虑公司的待遇，只要公司有名，薪水高，其它的都无所谓，就算工作和自己的长项优势不对口也毫不介意。这种求职心理只可能使你在短期内得到利益，可是对你将来的发展却是非常不利的。你应该静下心来想清楚自己到底喜欢哪类工作，到底适合什么工作，什么单位更有助于自己以后的发展，这才是你求职应该关注的中心。

三是心态要平和。在求职中，不要急于求成，不要总认为自己学历高，了不起，对工作挑来挑去，一定要考虑自己的真实的综合情况，心平气和地去找工作。

王敏从医学专业毕业后，遵从惯例，她需要先到医院里做见习医生，然后再慢慢地熬日子。其实王敏在大学读书期间就已经在医院里实习了一年，她几乎在所有的部门都呆过，那个时候她才发现她并不喜欢那样的生活。医院里的等级制度特别厉害，老医生都忙着升职，年轻医生忙着看病人，所有的人都忙忙碌碌。年轻医生每天接待上百名病人，表情都变得麻木不仁，更别提能有多少热情了。

王敏每天面对着痛苦呻吟的病患，感觉生活黯淡无色，了无生趣，她不敢想象自己一辈子都要过这种生活。她的梦想就是做一个医药代表，她对自己很有信心，她认为凭自己的学历担任医药代表根本就是小菜一碟。可是在她求职过程中，却到处碰壁，投出去的无数简历都像石沉大海一样，没有任何回音。即使有公司通知她去面试，最后也大多不了了之。更不幸的是，就业形势非常严峻，父母对她的工作非常担心，常常跟她说："找一份差不多的工作就行了，不要好高骛远。"王敏心里非常沮丧，她在心里不停地问自己："我真的好高骛远吗？"

以上的两个例子告诉我们，不管做人也好，做事也罢，一定要脚踏实地，不要好高骛远。很多人在求职时，往往盯着那些大公司和大企业，不把一般的公司放在眼里，最后好的工作没找上，一般的工作也错过了机遇，落了一个两手空空的下场。单位差一点没关系，重要的是自己认真去做事，即使微小的事情，也能给自己带来成功感。

只有踏实做事，我们才会提升自己，收获成功。否则，我们只能与成功擦肩而过。相比一无所得，不如选择认真做事，用自己的努力，换取微小的成功带来的幸福感，而这幸福感，不是用金钱或物质可以比拟的，这是一种心灵上的富足。踏实地做事，我们就能更快乐，我们的生活才会更完美！

学会真诚做人，锻炼开阔胸襟

真诚做人，是一种品格，一种姿态，一种风度，一种修养，一种胸襟，一种智慧，一种谋略，是做人的最佳姿态。欲成事者必要宽容于人，进而为人们所悦纳、所赞赏、所钦佩，这正是人能立世的根基。根基既固，才有枝繁叶茂，硕果累累；倘若根基浅薄，便难免枝衰叶弱，不禁风辍。

真诚无价，那是因为真诚用高位要职换不来，真诚用金钱买不来；真诚易得，那时因为真诚在我们的日常生活中随处可见，看你有没有一双发

现真诚的眼睛和同样也真诚的心境。

我们都知道山东人爽快、豪迈，做人真诚，一种骨子里的真诚，而正是这种真诚，让很多商人都愿意与山东人做生意，更愿意在山东人困难的时候，帮上一把。

早在上个世纪80年代初期，济南钟表厂的康巴斯石英钟的精确度是非常高的，日误差小于0.8秒，一节电池可以一年不用更换，钟表耐用，使用年限也较长，在当时来说，是不错的计时、美化室内环境的产品。

但是，由于经营不善，导致市场萎缩，工厂几乎到了濒临破产的边缘。无奈之下，该厂的厂长走投无路，不得不千里迢迢赶到北京，找到中央台台长，把3000元放到台长的桌子上，说："从产品质量来说，我们厂的产品是最好的，但是，市场却是很差，工厂已经快要倒闭了，这是全厂最后的3000元，您看着办吧。"

就是这个真诚的、直言直语的山东人，让在场的所有的人都深深地感动了。没过多长时间，人们在听完中央电视台的《新闻联播》后，就会听到康巴斯那清脆、悦耳的钟声。

没有多长时间，依然是那个真诚的山东人，再次来到了中央电视台，为中央电视台带来了数百万的广告费用，继续在中央电视台投入做广告。

同样是真诚，打动了中央电视台的领导，也为让康巴斯从一隅之地走向全国，迈出了极其重要的一步。

《中庸》说："诚者，天之道也；诚之者，人之道也。诚者不勉而中，不而得，从容中道。圣人也。"不是每个人都可以成为圣人，但是，一样可以拥有圣人的品德。真诚是做人之本，是做事之基，是每个人都应该具有的一种基本素质。真诚做人是一种良好的修养，是一种宝贵的品格，是一种海阔天空的胸襟，是一种高明的智慧。以诚待人，方能让他人以诚待我。只有真诚做人，才能得到别人真诚的回报，做事才能做好，这也是成功的重要素质之一，更是幸福的密码之一。

真诚做人，不虚伪，不造作，不假惺惺，不卷进是非，不招人嫌，不招人嫉，只有这样，才能踏实做事，才能有良好的人际关系。真诚做人，才能创造良好的人际关系，才能远离尔虞我诈的纷扰，才能收获人生的幸福。

保持淡然心境，宽心才能平和

在滚滚红尘中，能让自己拥有一份淡淡的情愫，过着淡淡的闲情逸致生活，那是人生多么悠然自得的美丽啊！在平常、平凡、平淡的淡淡人生中，让自己的生命鸣唱出最美妙动听的天籁之音，那是生命多么珍贵的闪耀啊！

人生在世难免会遇到各种各样的不如意的事，所谓"世间不如意者十之八九"。宽心的人懂得用一种平和豁达的心态去看待事情，会更多地记住一生中的满足之处，而不具有宽心的人则往往只记得自己没有得到的东西。

在漫漫旅途中，失意并不可怕，受挫也无须灰心。只要心中的信念还在，只要自己的内心不是严冬，即使风凄霜冷，即使大雪纷飞，又有何惧？艰难险阻是人生另一种形式的馈赠，坎坎坷坷的人生之路也是对意志的磨砺和考验。落英在晚春凋零，来年又是灿烂一片；黄叶在秋风中飘落，春天又焕发出勃勃生机。这何尝不是一种乐观，一种洒脱，一份人生的成熟，一份人情的练达呢。

这种洒脱人生，不是玩世不恭，更不是自暴自弃。洒脱是一种思想上的轻装，是一种沉淀后的释放。有洒脱才不会终日郁郁寡欢，有洒脱才不觉得活得太累。懂得了这一点，我们才不至于对生活求全责备，才不会在受挫之后彷徨失意。懂得了这一点，我们才能挺起刚毅的脊梁，披着温暖的阳光，找到充满希望的起点。

一个人的性格，往往是大胆中蕴涵着鲁莽，谨慎中伴随着犹豫，聪明中表露了狡猾，固执中折射出坚强。羞怯会成为一种美好的温柔，暴躁会表现一种力量与激情，但无论如何，豁达对于任何人，都会赋予其一种近乎接近完美的色彩。

让我们来看看下面的这个故事。

小男孩高兴地拿着一个冰淇淋，一边走一边吃，脸上露出满足的笑

容。忽然一不小心，这个可口的冰淇淋掉在了地上。

小男孩看着掉在地上的冰激凌，站在那里不知所措，甚至都哭不出来，只是睁大了眼睛看着一地的冰淇淋。这时有个老太太走过来，对小男孩说："既然你碰到这样不好的事情，那么就脱下鞋子，我教你看一件有意思的事情。"

于是，小男孩把鞋脱下。老太太说："用脚踩冰淇淋，重重地踩，冰淇淋就从你脚趾缝隙中冒出来。"小男孩照着老太太的话做了。老太太高兴地笑道："我敢打赌，这里没有一个孩子感受过脚踩冰淇淋的乐趣。现在跑回家去，把这有趣的经历告诉你的妈妈，"她接着说，"要记住，不管遇到什么不幸的事情，你总可以在其中找到乐趣。"

由此可见，影响一个人快乐的，有时并不是拥有和失去，也不是困境及磨难，而是一个人的心态。要做到"不以物喜，不以己悲"，需要我们有一种乐观的生活态度。如果把自己浸泡在积极、乐观、向上的心态中，快乐必然会占据你的每一天。在日常生活中我们可能会碰到非常令人兴奋的事情，也同样会碰到令人消极的、悲观的事，这本来应属正常。但是如果我们的思维总是围绕着那些不如意来转的话，就会像我们走在悬崖边不时往下看，那么，我们就很有可能会摔下去的。

因此，如果我们要恢复信心，就应该尽量做到脑海里想的、眼睛里看的以及口中说的都是光明的、乐观的、积极的话题，发扬朝前看的精神才能在我们的事业中实现成功。

我们也必须面对这样一个事实：在这个世界上，成功卓越的人很少，失败平庸的人居多。成功卓越的人活得充实、自在、潇洒；失败平庸的人过得空虚、艰难、猥琐。成功人的首要标志在于他们懂得宽心处世。一个人如果心态积极，乐观地面对人生，乐观地接受挑战和应付麻烦事，那他就已经成功了一半。另外，要有心怀必胜的积极的想法。对自己的内心有完全支配能力的人，对他自己有权获得的任何东西也会有强大的支配能力。

人活一辈子，与其局上相争，不如退而观之。

《菜根谭》里有云："世事如棋局，不着得才是高手；人生似瓦盆，打

破了方见真空。"能宠辱不惊，正是人生的一种境界！对一个东西过于看重，容易患得患失，失去平衡。有时，看淡了事物，反而能最大限度地发挥自己的水平。

在平常、平凡、平淡的淡淡人生中，让自己拥有一份淡淡的情愫，过着淡淡的生活，淡出一份情真意切的真情来，淡出一份淡雅清香的韵味来，淡出一份坦然宁静的心境来，淡出一份淡泊名利的境界来，淡出一份绵延悠长的爱意来，淡出一份悠然自得的生活来。

放下无尽欲望，提高幸福指数

佛经里云："心中无欲无轮回，没有轮回何来苦，不贪就是解脱法，心灵明亮静与乐。"就是说什么时候你的心中没有欲望，那时候你的心中就没有轮回了，没有轮回哪来的痛苦和烦恼呢？不贪就是解救轮回的特殊法，也是净化我们的心灵，心灵就开始明亮与寂静，那时候，心中自然就产生快乐和幸福。

满足不在多加燃料，而在于减少火苗，不在于积累财富，而在于减少欲念。放下贪欲，追求平实简朴的生活，是获得快乐的最简单方法。我们什么时候才能得到真正的幸福呢？

所以我们要学会不贪不欲以求解脱法门，人有一点贪心没有什么错误的，但贪心不能过火，不然的话，只能给我们带来无穷的烦恼和痛苦的。譬如，以前西藏有个酋长，上有父母，下有佣人，周围有亲戚、朋友、爱人，家有无价之宝的财物，而且财源滚滚，生活荣华富贵，但他的贪念如热水一般奔腾，每天忙忙碌碌，从来没有给自己休息的空间和时间，任何时候都是把金钱放在第一位，所以谁也没有看见过他的脸上带着快乐的笑容，也没有听到哪怕一点点幸福的笑声。

有一天，酋长生意受挫，心里更烦，辗转反侧，睡不着。这时候，他听到外面传来的山歌，他觉得很奇怪，这么晚，还有人有雅兴唱山歌，谁在唱呢？他就站起来，出去看了看，原来唱山歌的人就是他邻居的老太

婆，这位老太婆上没有父母、下没有儿孙，周围没有亲戚和朋友，是个乞丐，讨饭过生活的，虽然家里穷，但是她每天唱山歌、跳舞，开心的生活着，多么幸福啊！酋长反思：我这么富有了，都唱不出歌来，也没有她那样的快乐，她这么穷，一无所有，为什么会唱出歌来，而且还那么高兴，到底为什么？酋长一晚上想来想去，终于想明白了一个道理。

第二天，酋长故意把唱山歌的老太婆叫来，说想请她帮忙办点事，老太婆按照酋长的吩咐，完成了任务，酋长就装做高兴地给她三个银元宝，老太婆一看到三个银元宝，眼睛都直了，高兴而小心地把三个银元宝带回家，就开始想："可不能掉啊！晚上睡觉，也得看好啊，可不能让小偷拿去！"然后睡不好，床上翻来覆去，开始想怎么用三个银元宝，左思右想的，歌唱不出来了，实际上忘记了唱山歌，整个晚上都想怎么使用三个银元宝，最后老太婆想做生意了。从那天晚上起酋长再也没有听到老太婆唱山歌的声音。因为，老太婆得到银子之后，开始计划做生意了，心里装满了赚钱的想法，遗忘了唱山歌。

酋长终于明白了什么是快乐？什么是痛苦？老太婆拥有了三个元宝，就有烦恼、有痛苦。如果我能放下一切的话，一定会幸福快乐的，酋长下决心抛开杂念，放下欲望，把所有的财产施舍给别人，自己只留下简单的够用的生活用品，酋长这样放下一切。从此，酋长过起了简单而快乐的生活，每天唱一些山歌，有时候外出游玩，快快乐乐地过生活，才发现自己真的轻松了好多，获得了真正的快乐。但是，老太婆每天忙不过来地做生意，三个银元宝换了青稞，把青稞送到牧场上，换了酥油，又酥油送到城市换青稞，这样整天跑来跑去，换来换去，再也没有唱山歌的时间和想法了。从此，老太婆再也没有真正的幸福、快乐，生活不再平静。所以说："放下欲望才是真正的幸福。"因为你放下才能没有欲望的，没有欲望才能心定与清静下来，心清静才能感受到舒畅、快乐和幸福。

在很多人眼里，只有实现的"欲望"越多，才会更幸福。但是，事实上果真是这样吗？为什么很多有钱人的幸福指数甚至还没有一个街头乞丐高？为什么国王的幸福指数低于一个厨师？

李辉打算买辆新车，找了一个朋友陪他去车市购车。

李辉是工薪族，收入有限，所以主动给自己设了一道底线：包括上牌，买汽车不能超出六万元。李辉早就看中了一款车型，于是，带着朋友直接去4S店。迎面来的导购小姐，职业化的微笑、优雅的手势，熟练地介绍这款车的性能、特点和价格，李辉一脸满意的样子。对李辉来说，这确实是一款不错的车，完全符合他的选择标准。

在对车了解得差不多的时候，李辉准备去签合同。但是，在李辉和朋友走到玻璃桌的当头，导购小姐冲我们一笑，看似不经意间说了一句："其实，这辆车是前两年的老款了，最近公司推出了新款，外观更漂亮，设计更合理，价钱也就是多了几千块钱，您要是感兴趣可以看一看。"冲着这设计更合理，李辉有些心动了，而且价钱区别不大。

新款的外观，确实漂亮多了，李辉显然动心了，准备放弃买老款，买新款车了。这个时候，导购小姐转而向李辉推荐别的系列，她说："其实，这一系列的车安全性稍弱一些，你不如考虑一下××系列的车，价格比您选中的这辆车只高出6000元。"

当李辉载着朋友坐上新车时，李辉自我解嘲道："没想到，我就这么一点点地掉进导购小姐设置的圈套里面了，原本只打算花6万买车，开回家的却是12万元。我房屋按揭刚刚还清，现在又得按揭汽车了。"

幸福，并不是你拥有多少东西。反而过多的东西，甚至会成为阻碍你走向幸福的路障。因为人的欲望是很难得到满足的，拥有了一样东西，还会渴望拥有下一样，反复无穷。而想让自己多一份幸福感，只能是克制自己一些不必要的欲望，比如，现在房价飞涨，而你不满足于自己的小蜗居，明知道要花很多冤枉钱，但是还是狠下心来贷款买房，为自己平添很多烦恼，还做了冤大头，得不偿失，更不要说有什么幸福感了。

痛苦是轮回的，是欲望的不断升级的结果。人的不满足，人的欲望，人的苛求完美，让本来可以接近的幸福渐渐走远了。就像故事中的李辉那样，他本来是想买个6万的车，结果在欲望的不断诱惑下，居然买了12万的车。不得不说，过多的欲望，带给我们的是不满足，从而不断降低我们的幸福指数。

一位女同事，买手机时总是爱挑最时尚的买。但没用几个月，市场上

就出现了更流行的款式。她就接着买新的，把不用的手机拿到二手市场便宜卖掉。对时尚的追求令她欲罢不能，几年里换了很多手机。有一次她感慨万千地说，不断地换手机使她损失了上万元，但她现在用的手机还不是最新的款式。

一位朋友在结婚前买了一套新房，房子面积不大，只有80多平方米，装修也很简单，没花多少钱。朋友说，对于他的收入来说，这样的面积和装修是合理的。如果买流行的100多平方米的房子并进行豪华的装修，那在以后的几年里，他必须有节制地消费有计划地还房款，生活将不再自由。朋友说住进新房后他感到很满足，他不会羡慕别人面积更大装修更漂亮的房子，更不会羡慕有钱人的豪华别墅，因为那样的生活会使失去他一辈子的快乐。

朋友真是一个聪明的人，他懂得对欲望说"不"。还记得那个地主无法拒绝诱惑，最终成为走不回来的人。生活中又有多少人被欲望牵引着越走越远，越走越找不到快乐啊！

每个人心中都有欲望，这是不可否认的，你别指望完全消除。我们能做的，就是尽力把它修剪得更美观。放任欲望，它就会像疯长的灌木，丑恶不堪。但是，经常修剪，就能成为一道悦目的风景。对于名利，只要取之有道，用之有道，利己惠人，它就不会变成心灵的枷锁。

快乐就这么简单，一杯清茶，一朵玫瑰，一片树叶，一份牵挂，一句亲切的问候。甚至一个关切的眼神，快乐无处不有，唯有胸襟开阔的人，才能体会到。

Chapter 9
这辈子，要坚持自助才有天助

"天道酬勤"，"自助者，天助之"，"有志者事竟成"……这些古老的训诫已被公认为是个人成功的心理基石。人要爱惜自己，重视自己，无论你现在的境况怎么样。因为在你失败时，能够帮助你，使你重新获得希望，重新看到光明的，只有你自己！

真正的自助者是令人敬佩的觉悟者，他会藐视困难，而困难在他的面前也会令人奇怪地轰然倒地——这个过程简直有如天神相助；真正的自助者就像黑夜里发光的萤火虫，不仅会照亮自己，而且能赢得别人的欣赏——当人们欣赏一个人时，往往会用帮助的形式表示爱护—好运气因此而降临。人们相信，一个真正的自助者最终会实现他的成功，而所有帮助过他的人也会为此感到欣慰。

如果自助者懂得报恩，人们就会给他更多的帮助，他因此可以更加轻松地面对生活。

摆正人生轨迹，理清人生目标

成功从选定目标开始。杰出人士与平庸之辈的根本差别，并不是天赋、机遇，而在于有无目标。大多数人不是将自己的目标舍弃，就是沦为缺乏行动的空想。如果你想在 35 岁以前成功，你一定得在 25~30 岁之间确立好你的人生目标。

你的人生目标是什么？你准备怎样度过今后三年时间？如果你知道自己会在六个月后被雷电击中，你会怎样度过这六个月的时间？

哈佛大学有一个非常著名的关于目标对人生影响的跟踪调查。这个调查美国耶鲁大学做过、卡耐基也做过，得出的结论惊人的相似。这个调查的对象是一群智力、学历、环境等条件都差不多的年轻人，调查结果发现：

3% 的人，有十分清晰的长期目标；

10% 的人，有比较清晰的短期目标；

60% 的人，目标模糊；

27% 的人，完全没有目标。

25 年的跟踪调查发现，他们 25 年后的生活状况十分有意思。

那 3% 有长期清晰目标的人，25 年来几乎都不曾更改过自己的人生目标，他们始终朝着同一个方向不懈地努力。25 年后，他们几乎都成了社会各界顶尖成功人士，他们中不乏白手创业者、行业领袖、社会精英。他们大都生活在社会的最上层。

那 10% 有比较清晰的短期目标的人，他们的共同特点是，那些短期目标不断地被达成，生活质量稳步上升。他们都成为各行各业不可缺少的专业人士，如医生、律师、工程师、高级主管等等。他们大都生活在社会的中上层。

那 60% 目标模糊的人，他们大都能安稳地生活与工作，但都没有什么

特别的成绩。他们大都生活在社会的中下层。

剩下的27%完全没有目标的人，他们的特点是：从来不曾为一个目标而努力奋斗过，他们的生活都过得很不如意，常常失业，靠社会救济，并且常常在抱怨他人，抱怨社会。他们几乎都生活在社会的最下层。

因此得出结论：目标对人生有着巨大的导向性作用。

扪心自问：自己有没有目标？有多长时间的目标？自己是属于哪一类人？是属于那3%有着长期清晰目标的人？还是属于那10%有着短期清晰目标的人？还是属于那60%目标模糊的人？或者是那27%从来没有目标的人？

目标是人生的导航灯。

成功在一开始仅仅是一个选择。你选择什么样的目标，就会有什么样的成就，就会有什么样的人生。

人这一生很短暂，眼睛一闭不睁就过去了。为什么有的人一生很成功，有的人一事无成，那是因为人生的成功是有法则的。套用一句俗话，成功的人生是相同的，失败的人生却各有各的不同。

人生犹如行船，一艘没有航行目标的船，任何方向的风都是逆风。

定准一个目标，绝不提前撒手

小时候在我们的语文课本里有一个"猴子掰包谷"的故事，说的是猴子在地里掰包谷，刚掰下一个，就扔了，因为它觉得前面的更好，就扔下手里的去掰另一个。另一个到手，觉得还有更好的，到手的又扔掉，去掰那个"更好的"。不知不觉走到地的尽头，天色已晚，只得慌慌张张随便掰一个，回去一看，恰是一个烂包谷，也只好将就了。

也许我们都会笑那个猴子太傻。猴子犯傻，不是智力问题，而是心态问题，它太浮躁，总是追求"更好的"。这正如荀子所言："蚓无爪牙之利，筋骨之强，上食埃土，下饮黄泉，用心一也；蟹六跪而二螯，非蛇鳝

之穴无可寄托者，用心躁也。"

反思我们现在的年轻人，何尝不是像掰包谷的猴子，今天考律师，明天学会计，后天读 MBA……对此，樊纲（中国最有影响力的经济学家之一，任中国经济体制改革研究基金会秘书长、国民经济研究所所长，兼北京大学、中国社会科学院研究生院经济学教授）的观点是：读书的时候选择一个好的专业，认真地学点东西，打好基础，多学点安身立命的本事，不要着急去做什么大事。毕业后可以有几年的选择期，可以尝试着做几份不同的工作，看看哪个最适合自己，然后选择适合自己的，静下心来持之以恒地做下去。但是这个选择过程不能太长，最好不要超过 28 岁。必须培育自己的"一技之长"，有别人无法取代你的地位，才会在以后的人生路上越走越开阔。

世界上一些著名的大企业、大集团公司，如美国的微软公司、可口可乐公司，几十年甚至几百年都只做一件产品，取得垄断和领先地位，再不断地做科研，使自己的技术一直处于同行业遥遥领先的地位，从而取得超额利润。

再来看看《财富》世界 500 强的排名：能源类第一名是杜克能源公司，炼油类第一名是英荷壳牌石油公司，物流运递类第一名是 UPS 公司……他们有一个共同之处，就是非常专注地做一个产业，并尽心打造独有的核心竞争力，把企业做大、做强。例如，UPS 发展到今天它只做了一件事——用最快的速度把包裹送到客户手中。只做了一件事，UPS 就把业务做到了全世界。

世界上很多企业就是靠集中所有的时间、精力、资金和技术做好一种拳头产品而在竞争中立于不败之地的。

1981 年于瑞士 Apples 市成立的罗技电子（Logitech）是世界知名的电脑周边设备供应商，拥有很高的零售和 OEM 市场占有率。罗技当初只是依靠生产鼠标和键盘进入电脑周边设备行业的。鼠标和键盘是电脑最基本、最不可缺少的外设配件，但同时也是价钱较低获利较少的配件。因此对于电脑行业的巨头们根本无法产生吸引力，这便给了罗技一个契机。从

此，罗技走上了鼠标和键盘生产的专业化道路，经过了数年的努力，罗技不仅在该行业中站稳了脚跟，而且最终成为全球最大的鼠标和键盘的生产供应商。

企业的发展是这样，人的发展同样如此。如果你几十年做同样的一件事，你就能把它做好做精，你在这个专业领域就拥有了发言权；就有了别人无法取代和超越的地位，你也就能牢牢地站稳脚跟，长期地发展壮大下去。然后，你还有闲暇的时间去享受生活的乐趣。

成龙拍电影时，各个汽车厂商主动争取免费提供汽车使用的机会，让成龙在电影里面表演特技。成龙选中日本三菱跑车，三菱公司立刻提供上百辆新车让成龙拍摄赛车镜头，成龙将车撞得稀烂，三菱也分文不取，为什么呢？因为成龙是最棒的，他的电影总是最卖座的电影之一。

乔丹打篮球成为世界顶级篮球巨星，不但年收入8000万美金，而且有人找他拍电影，有人找他拍广告，有人找他出书……那请问他的运动鞋需要自己买吗？不用，耐克公司会提供；他穿的衣服需要自己买吗？当然也不用，别人不但免费提供，还要支付他广告费。甚至香水厂商也借乔丹的名字与肖像生产乔丹牌香水。乔丹什么事都不用做，只要他肯提供给厂商名字与头像，别人就送他30%的股份。你说这是为什么？因为他是他的行业中最顶尖的，他是世界上有史以来最伟大的篮球巨星。

世界著名的物理学家丁肇中先生，仅用5年多时间就获得了物理、数学双学士和物理学博士学位，并于40岁时获得了诺贝尔物理学奖。丁先生说："与物理无关的事情我从来不参与。"

不要以赚钱为目标，也不要以出名为目标，应该以成为某个领域中的最顶尖为目标。只要成为某个领域的最顶尖的那一位，你一定会赚很多钱；只要你是某个行业的第一名，你一定会出名；只要你成为行业顶尖，你就一定会成功！

做软件做到世界第一名的微软会不会赚钱？当演员当到世界巨星的成龙会不会赚钱？打篮球打到世界第一名的乔丹会不会赚钱？跑110米跨栏跑到世界第一名的刘翔会不会赚钱？当然会！只要你是最好的，最顶尖

的，一定是最能赚钱的，从而拥有一定的社会价值。

第一名，拥有一切！

第二名，只能拾人牙慧。

1969 年 7 月，美国"阿波罗" 11 号宇宙飞船实现了人类首次登月的梦想。第一个踏上月球表面的人阿姆斯特朗向全世界宣布："这是我个人的一小步，却是人类的一大步！"全球数以亿计的人通过电视屏幕看到了这一激动人心的场面。

这个人类的伟大壮举已经过去 30 多年了，请问有几个人还记得第二个登上月球的美国人——阿姆斯特朗的同伴呢？

一般人有个错觉，以为拿不到第一，有个第二名、第三名也很不错。如果说第一名代表的是 100 分，很多人以为第二名起码也有 90 分，但事实上第二名能不能有 10 分都是问题。

为什么？因为做到第一名，他就不需要再与别人比，他已经占据了有利优势。他往前看，眼前是一片开阔的空间，任由他挥洒。不过在第二名与第三名、第四名之间却会形成一个追赶群。这个追赶群里的成员之间彼此会竞争、斗争和拖累，他们不仅要与第一名竞争，也要与追赶群里的其他成员竞争。最后即使他能够挣扎着跌跌撞撞地冲出来，也只是领先了这个追赶群，再向前看的时候，第一名已经领先太远，或者早已看不到他的影子了。

只要确定了正确的人生奋斗目标，善于把握各种机会，用积极的心态应对挫折和逆境，在不断进取中超越和完善自我，并朝着这个目标不断努力进取，你一定会早日抵达成功的彼岸！

人生并不长久，只做好一件事

古语说，十鸟在林，不如一鸟在手。世上看起来可做的事情很多，但真正能够抓住的却少。人生的机遇，可能就只有那么一两次。因此，一生

做好一件事，只要真正做好了，也就够了。

鸿海集团总裁郭台铭先生在企业发展的整体定位和战略布局的规划上，曾有以下精彩的言论："一个产业里，做第一名才可以稳定赚钱，第二名有点钱赚，第三名损益打平，第四名随景气沉浮，第五名往后要么等着被收购，要么就是被淘汰出局。"因此，"要做就做世界第一名"成为鸿海企业开创的最高指导哲学。

只做好一件事，意味着集中精力发展，而不是多元化发展。很多人涉足很多领域，学习很多知识，其实内部很虚弱，每一项都没有很强的竞争力。

用友软件集团公司的董事长王文京，在很多中国人眼里，王文京是"知识创造财富"这句话最完美的阐释。在十几年的时间里，王文京从一介书生发展到个人身价高达数十亿的价值，他一手缔造的用友软件也牢牢占据着中国财务软件的领导地位。谈及自己的创业，王文京用最简单的话概述他的精华："一生只做一件事。专注，坚持。要想在任何一个行业出头，必须有沉浸其中十年以上的决心，人一生其实只能做好一件事。"正是凭着这朴实而简单的人生信条，王文京实现了用友软件商业化的目标。

专注地去做一件事情，哪怕它很小，努力做到最好，就会有常人所不能及的收获。请看这样一件例子。有一位妇女，来自农村，没读完小学，连用汉语表达意思甚至都不太熟练。因为女儿在美国，她申请去美国工作。她到移民局去提申请时，申报的理由是有"技术特长"。移民局官员看了她的申请表，问她的"技术特长"是什么，她回答是会"剪纸画"。接着她从包里拿出剪刀，轻巧地在一张彩纸上飞舞，不到3分钟的时间，就剪出一组栩栩如生的动物图案。移民局官员啧啧称赞，她申请赴美的事很快就办妥了，引得旁边和她一起申请而被拒签的人一阵羡慕。

这个故事应该能给我们一些启示。一个没有学历，没有工作经验的人，但凭借着一项特长，一处与众不同的地方，就可能得到社会的承认，拥有其他人不能获得的东西。可是在我们身边，许多人往往走入理论思维误区，譬如一些大学生在校读书期间，忙着考这证考那证，证书弄了一大

堆，忙着做主持、当模特，业余职业换了一个又一个，但毕业之后却很难找到一份合适的工作。原因就是由于他们分散了时间和精力，没有专注于某一份事情，结果事与愿违。由此可见，专注的价值有着不可低估的能量。

张立勇在清华大学第 15 食堂卖了 8 年馒头，得了个外号"馒头神"。这样一个外号当然不是随随便便就插在他头上的：英语口语流利，托福考过 630 分，大学英语四六级考试更是早早过关；在校外兼职英语家教，在清华餐饮中心英语培训班任主讲老师；还在报纸上发表了不少文章。一本关于他如何自学英语的书《英语神厨》已经出版——而他的身份，不过是一个没有读完高中、在清华食堂卖馒头的小师傅。也因此，才有清华的学生将他与《天龙八部》中那位深藏不露的少林寺"扫地僧"做对比。

张立勇做到了很多一般人做不到的事情，而他成功的答案只有一句话：一生只做一件事。这个高二就辍学的年轻人，在 8 年的打工生涯中，坚持自学英语，并取得了令人骄傲的成绩，这份执著与毅力着实让我们汗颜。他克服了常人克服不了的困难；他忍受了常人不能忍受的寂寞；他承受了常人不能承受的痛苦；他遭受了常人不能遭受的非议。因为，他只有一个梦想，只有一个追求，只做一件事。

目标定了很多，什么都想做，什么都没有做到最好，实质是没有打造自己的核心竞争力。我们的时间有限，精力有限，好钢要用在刀刃上。我们不可能把所有的事情做到最好，但是我们一定可以把其中的一件事做到最好。"一次只做一件事"，就意味着集中目标，不轻易被其他诱惑所动摇。经常改换目标，见异思迁或是四面出击，往往不会有好结果。因此，一定要专注于全力打造最具优势的核心竞争力。

嘉信理财的董事长兼 CEO 施瓦布从小文科成绩都是"大红灯笼高高挂"。他的读写速度很慢，英文课需要阅读经典名著时，只能从漫画版本下手。他常常说："我的脑袋里有想法，但是却没有办法将它写出来。"后来医生诊断他患有识字障碍。但是施瓦布之后凭借优异的数理成绩，进入美国名校斯坦福大学就读。他发现商业课程对他来讲非常容易，于是选择

经济为主修，在英文及法文仍然不及格的同时，投全力于商学领域，获得 MBA 学位。毕业时，他向叔叔借了 10 万美元，开始建立自己的事业。1974 年，他于旧金山创立的公司，如今已名列《财富》杂志 500 家大企业，拥有 26000 多名员工。

现在施瓦布的读写能力仍然不佳，但他阅读时必须念出来，有时候一本书要看六七遍才能理解，写字时也必须以口述的方式，借助电脑软件完成。

一个先天学习能力不足的人，如何能取得如此辉煌的一番事业？施瓦布的答案是："我不会同时想着 18 个不同的点子，我只投注于某些领域，并且用心钻研。"由于学习上的障碍，让他比别人更懂得专注和用功。

这种"一次只做一件事"的专注态度，也沉淀于嘉信的发展历史中。当其他金融服务公司将顾客锁定于富裕的投资者时，嘉信推出平价服务，专心耕耘于一般投资大众的市场，终于开花结果。后来随着科技的进步及顾客的成长，嘉信于每个时期都有专心投注的目标，成为业界模仿的对象，在金融业立下一个个里程碑。如今嘉信理财成为全球最受景仰的 20 大企业、全美最适合工作的企业，成为各种管理书籍最常列举的经典案例之一。

巴菲特从 11 岁开始买第一只股票，现在七十几岁了，还没有改行的迹象，看来，他这辈子也就是个投资大师了。他并不是世界上最富有的人，排在他前面的，是做软件的比尔·盖茨。巴菲特肯定也知道做软件很赚钱，但他肯定不会去做，不管股市是牛是熊，他都吊在这棵树上了。

巴菲特有一句名言："如果你持有一种股票没有 10 年的准备，那么连 10 分钟都不要持有。"说起来容易，可是有几个人能够做到？我们做不到，可能会把这归结为各种原因所致。

很多时候，放弃比抓住更需要定力，决定不做比决定要做更难。人心浮躁，就是因为想要得到的太多，凡事都想抓住，也不管是不是能够抓住，就像那掰包谷的猴子，想抓到更多，结果往往连手上这个也没有抓好。

任何一个行业都是博大精深的，够你花一辈子的时间和精力去深入地钻研。任何一个大师级的领军人物，都只是自己那一个领域内的高手。比尔·盖茨最聪明的地方不是他做了什么，而是他没做什么。凭借他的实力，他如果去股市淘金，当个庄家，翻云覆雨，简直是易如反掌。凭借他的实力，他可以去做房地产，但他专注于自己最擅长、最感兴趣的操作系统、软件开发上，而不是被市场上充斥着其他的诱惑所吸引。他如果真那样做了，他也就不是比尔·盖茨了。

北京正邦品牌设计公司老总陈丹是中国电信新标志设计者，他在回忆自己的职业经历时，总是很感慨万千，他说开始的时候靠着一腔热情和执著的精神，的确取得了一些成功，但接下来面对市场里的种种诱惑，还必须做出正确的抉择。他们的公司属于广告公司，面对各种各样的广告业务，他们决定只做标志设计，而这实际上只是广告业务中很小很小的一部分。刚开始的时候，许多人对此都不大理解，觉得陈丹丢掉了太多放在眼前的生意，但陈丹认为，要想在广告圈激烈的竞争中脱颖而出，就必须建立自己独特的发展模式，放弃大而全的经营理念，专注于品牌设计，这样才能够使他们区别于甚至超过竞争对手，在市场中占有一席之地。

陈丹说："术业有专攻，我应该把我擅长的事做精、做细。其实其他公司也做得很好，但我们因为只做了这一项，就更专业化了，分工更细致了，客户也就自然会想到我们了。"

有人曾向意大利著名男高音歌唱家卢卡诺·帕瓦罗蒂请教成功的秘籍，他每次都提到父亲说过的一句话："如果你想同时坐在两把椅子上，你可能会从椅子中间掉下去，生活要求你只能选一把椅子坐上去。"

他在回顾自己走过的成功之路时说："当我还是一个孩子时，我的父亲，一个面包师，就开始教我学习唱歌。他鼓励我刻苦练习，练好基本功。当时，我兴趣广泛，有很多爱好和目标——想当老师，当科学家，还想当歌唱家。父亲告诉了我这句话。"

"经过反复斟酌，我选择了唱歌。于是，经过7年的不懈学习，我终于第一次登台演出了。又用了7年，我才得以进入大都会歌剧院。而第三

个 7 年结束时，我终于成了歌唱家。要问我成功的诀窍，那只有一句话：请你选定一把椅子。"

"选定一把椅子"，即专心致志干好一件事，多么形象生动而又切合实际的比喻。人的一生，非常短暂，不容我们有过多的选择。那些左顾右盼、渴望拥有一切的人，往往因为目标不专一，最终一无所获。

当然，"选定一把椅子"有个重要前提，就是"椅子"一定要选准选对。放眼望去，满世界都是"椅子"，花花绿绿，琳琅满目，但哪一把更适合你，你需要认真思量，精心挑选，要尽可能选自己最适合的那把"椅子"。

森林里有一种鼯鼠，能飞却飞不远，能爬树却爬不快，能挖洞却挖不深。它虽然有很多本事，却都不大管用，很容易成为食肉动物的口中餐，它吃亏就在于没有把一门技术学精。同样道理，贪心的猎人要追五个方向跑的兔子，最后只能是一无所获。

一生之中，我们会面临诸多的选择，特别是在涉世之初或创业之始，选择尤其显得重要。一旦看准了方向，选定了目标，就必须坚定不移地走下去。哪怕这条路崎岖不平，障碍重重，为众人所不齿，同行者寥寥无几，你都要"板凳坐得十年冷"，忍受孤独和寂寞，坚持朝着一个主攻方向努力。尤其在诱人的十字路口，你必须做到不改初衷，用心无旁骛的坚定信仰和超然气度将它走完，一直走进美好的未来。

2004 年 8 月在希腊雅典举行了第 28 届奥运会。让人们感慨万千的是在竞争激烈的体育比赛中，一位运动员为了能够在高手如云的奥运赛场上勇夺冠军，他需要花几年甚至几十年的时间专攻一个项目，在自己的最强项上下苦工，才能成为世界第一，如此方能夺金。很少有哪位运动员能够在两类不同的比赛项目上获得世界冠军。

世上看起来可做的事情很多，但真正适合的、能够抓住的却非常少。一生只做一件事，把一件事做透，才是成功人生的捷径。

人生苦短，心无二用。当我们在欣赏帕瓦罗蒂那穿云裂石般的美妙歌声时，也请记住他的宝贵生活经验："选定一把椅子。"

发掘自身潜质，让自己更出色

很久以前，德国一家电视台推出高薪征集"10 秒钟惊险"活动。在诸多的参赛作品中，一个名叫"卧倒"的镜头以绝对的优势夺得了冠军。

拍摄这 10 秒钟镜头的作者是一个名不见经传刚刚踏入工作岗位的年轻人，而其他参赛选手是一些在圈内很有名气的大家。所以这个 10 秒镜头一时引起轰动。几个星期以后，获奖作品在电视的强档栏目中播出。大部分人都坐在电视前观看了这组镜头，10 秒钟后，每一双眼睛里都是泪水，可以毫不夸张地说，德国在那 10 秒钟后足足肃静了 10 分钟。

镜头是这样的：在一个小火车站。一个振道工正走向自己的岗位，去为一列徐徐而来的火车扳动道岔。这时，在铁轨的另一头，还有一列火车从相反的方向驶进小站。假如他不及时扳道岔，两列火车必定相撞，造成不可估量的损失。

这时，他无意中回头一看，发现自己的儿子正在铁轨那一端玩耍，而那列正在进站的火车就行驶在这条铁轨上。

抢救儿子还是避免一场灾难？——可以选择的时间太少了。那一刻，他威严地朝儿子大喊了一声："卧倒！"同时，冲过去振动了道岔。

一眨眼的工夫，这列火车进入了预定的轨道。

那一边，火车也呼啸而过。车上的旅客丝毫不知道，他们的生命曾经千钧一发，他们也丝毫不知道，一个小生命卧倒在铁轨边上——火车轰鸣着驶过那段铁轨，而他丝毫无伤。那一幕刚好被一个从此经过的记者摄入镜头中。

人们猜测，那个振道工一定是一个非常优秀的人。后来，人们才渐渐的知道，那个振道工是一个普普通通的人。他唯一的优点就是忠于职守，从没迟到、早退、旷工或误工过一秒钟。

这个消息几乎震惊了每一个人，而更让人意想不到的是，他的儿子是

一个弱智儿童。他曾一遍又一遍的告诫儿子说："你长大后能干的工作太少了，你必须有一样是出色的。"儿子听不懂父亲的话，依然傻乎乎的，但在生死攸关的那一秒钟，他却"卧倒"了——这是他在跟父亲玩打仗游戏时，唯一能听懂并做得最出色的动作。

"我们每一个人，都应该好好的想一想，自己有哪一样是出色的?"的确，我们要好好的思考一下，自己有哪一样是出色的 。这个故事总能带给我们一些启迪和思索!

张五在美国移民局申请绿卡的时候，曾经遇到过一位中年妇女，从她被晒成古铜色的皮肤看，可以断定是一位户外工作者。出于好奇，他上前和她搭话，一问才知，她来自中国北方农村，因为女儿在美国，才申请来美。她只读完小学，连汉语意思都表达不好。

可就是这样一位只会用英语说"你好"、"再见"的中国农村妇女，也在申请绿卡。她申报的理由是有"技术专长"。

移民官看了她的申请表，问她："你会什么技术专长?"

她回答说："我会剪纸画。"

接着，她从包里拿出一把剪刀，轻巧地在一张彩色亮纸上飞舞，不到3分钟，就剪出一群栩栩如生的各种动物图案。

美国移民官瞪大眼睛，像看变戏法似的看着这些美丽的剪纸画，不禁竖起手指，连声赞叹。

这时，她从包里取出一张报纸，说："这是中国《农民日报》刊登着的我的剪纸画。"

美国移民官一边看，一边连连点头，说："OK! OK!"

她就这样轻松地申请成功了。旁边和她一起申请而被拒绝的人又羡慕又嫉妒。

这则故事虽说的是美国，其实不管在哪里，你可以不会管理，你可以不懂金融，你可以不会使用电脑，甚至，你可以不会英语。但是，你不能什么都不会!你必须得会一样，你必须要有自己的专长的一样绝活。其实在生活中的哪一方面又不是如此呢?我想，不论你想从事什么职业，想在

什么方面有所成就，都要牢牢记下：你必须有自己的特长！

平凡中找到专攻的目标，坚持就必能胜利！一个人、一个单位、一个区域、一个国家、甚至整个人类，什么是最基本、最根本、最关键的能力，是学习，是学习，还是学习！学习是我们生存发展的最核心的竞争力，也是我们幸福快乐的最主要的发源地！努力吧，哪怕你只付出一点，也只需要这么一点，你也能够成功，能够幸福，能够对别人对大家对人类对世界做出应有的奉献。能够奉献才是最美好最快乐的事情！让我们每个人都向着心中的目标默默奋斗和努力。

不要总感叹自己因没有过人的天赋而不够出色，在我们的心灵深处，有许多沉睡的力量，当你唤醒它，并巧妙利用，便能改变一生。"出色"的秘密在于"在某一方面，你只要比一般人稍微努力一点，你就会成功"。

要有自知之明，摆正自己位置

有人曾说过这样的话：如果你是蔷薇，就不要强求自己成为玫瑰。

人贵有自知之明，每个人都是不一样的个体，无论是在生活中还是工作中，都会受到知识、技能等种种条件的制约，都会因兴趣、性格和机遇等的不同而造成结果的不同。自己一顿能吃几片面包，自己应该最清楚。如果条件相差甚远，却一味地生搬硬套，就会弄巧成拙，搬起石头砸了自己的脚。由此可见，保持自我，坚持特色，站在适合自己的位置，不盲目仿效，是成功办事的前提条件。别人的人生与自己的人生，是截然不同的。自己的人生只掌握在自己的手中，是"成功的传奇"，还是"人生的悲剧"全在于你自己，而任何委曲求全或者是装模作样，都会使我们不能真正看清事情的本质，或者只能流于俗套而不能长久。

天下没有两片完全相同的树叶，人也一样，你就是你自己，你只能是你自己。无论是做大事还是处理日常生活中的小事都必须有真实的自我。

在美国一所学校的一间教室的墙上，刻着这样一句话："在这个世界

上，你是独一无二的。生下来你是什么？这是上帝给你的礼物；你将成为什么？这是你给上帝的礼物。"

"上帝"给你的礼物我们无法选择，你给"上帝"的礼物——你将成为什么样的人，却全由你自己创作，主动权在你自己手里。只要我们懂得认识自我，接纳自我，坚持自我，并不断地激励自我，控制自我，我们就能完善自我，超越自我！

很多人并不缺乏机会和才华，但却因缺少对自己的认识和对自己的坚持，而与成功失之交臂。意大利著名的皮衣商安东尼·迪比奥在谈到自己成功的经验时不无感慨地说："我并不是一个天生的成功者，许多人都比我更聪明、更有才华。我唯一比他们强的只不过是我更懂得坚持自己而已。"

有一位漂亮的公主，从小被巫婆关押在一座高塔里。巫婆每天对她说："你的样子丑极了，见到你的人都会感到害怕。"公主相信了巫婆的话，怕被别人嘲笑，也不敢逃走。直到有一天，一位王子经过塔下，赞叹公主貌美如仙并救出了她。

实际上，囚禁公主的并不是什么高塔，也不是什么巫婆，而是公主认为"自己很丑"的错误自我认识。我们或许也正被他人所囚禁，所蒙蔽。比如，父母、老师说你笨，没有前途，你也就真的相信了，自卑了。这不正如那位公主一样蠢吗？

有人认为没考上大学是人生最大的不幸，也有人认为得了不治之症是人生最大的悲剧。其实，我们最大的悲剧与不幸，在于我们活着却不知自己有多大的潜能和应该去做什么，不懂得用自己的方法处理自己的问题，而却很容易人云亦云，失去自我。

正确认识自己，就知道自己适合做什么，不适合做什么，优势是什么，短处是什么，从而做到自知，在社会中找到自己适合的位置和符合自己条件的办事方式，使自己的天赋、能力得到最大程度的开发和利用。

卓别林刚开始拍电影时，导演坚持要他去模仿当时非常有名的一位德国喜剧电影演员的风格。卓别林尝试之后，久久尝不到成功的滋味，非常

苦恼。后来他意识到，必须保持自己的本色。经过后来不懈的努力，他终于创造出一套自己独有的表演方法而流芳千古。美国歌星金·奥特雷刚出道时，极力想改掉他德州的乡音，使自己有城里的绅士风范，结果却遭到了大家的耻笑。后来，金·奥特雷终于醒悟过来，开始利用自己带着乡音的音色唱西部歌曲，终于一举成名。索凡石油公司人事部经理迈克尔曾接待过6万多名求职者，在他的《谋职的六种方法》一书中，他指出：来求职的人所犯的最大错误就是不保持本色。他们不以真面目示人，不能完全坦诚地回答你的问题。可是这种做法一点用也没有，往往事与愿违。因为没有人愿意要伪君子，正如没有人愿意收假钞票一样。

要知道，效仿别人，把别人的经验据为己有固然重要，但效仿别人，就会始终无法开创属于自己的一片天地。唯有肯定自己，扮演自己，找到属于自己的方式方法，才能将自己的特色和优势发挥得淋漓尽致，也只有这样才能在人生事业上获得满堂红。事实上，同样一种方法，并不是对所有的人都能够起到立竿见影、起死回生的效果。因此，千万别忙着效仿。不要盲目羡慕别人的机遇，也不要盲目羡慕别人的成功。每一个人都是独一无二的，别人成功的方法也不可复制。对于同样的环境、同样的机遇，不同的人会有不同的处理方式，其结果也会大不一样。想一想，为什么苹果砸在牛顿头上，他会因此而发现万有引力定律，而你却只是把它吃掉了呢？所以，在碰到问题时，不要先急着去问别人是怎么做的，而应该问问自己，听听自己的声音，我要怎么做，我能怎么做。

美国著名作家爱默生在他的文章中写过这样一段话："嫉妒是愚昧的，模仿只会毁了自己；每个人的好与坏，都是自身的一部分；纵使宇宙间充满了好东西，不努力你什么也得不到；你内在的力量是独一无二的，只有你自己知道自己能做什么，除非你不去想，不去做。"

在这个世界上，每个人都可以获得成功，但不同的人的成功方法显然是不一样的。只有认识自我、驾驭自我、超越自我，你才能战无不胜，从平庸走向成功！

不要放弃希望，坚定生存信念

人最重要的是活着。

只要活着，就有希望。哪怕输得一干二净，只要活着，就有翻盘的机会；哪怕是被人打得趴下了，只要活着，就有从头再来的机会。

在黄巾起义中，投身战场渴望建功立业的人有成千上万，曹操、孙坚等人正是在这场战争中奠定了割据称雄的实力。

刘备却是一个例外。

不是刘备不想打出一片天地，实在是心有余而力不足，一群不会打仗的泥腿子，加上草根出身的低起点，在血雨腥风的残酷战场，在看重门第出身的时代，这一切注定了他要走的路还很长很长。

目标太高，起点太低。在这个风云变幻的乱世，刘备似乎只是一个举足无轻重，可有可无的棋子。

关键的是，他依然坚定不移地走在自己挑选的人生路上。

即使全世界放弃了你，你也不要放弃你自己。

相信未来，坚持到底，总会有希望。

刘备坚持了下去，哪怕这代价是蹉跎岁月虚度年华的漫长等待，哪怕这境遇是寄人篱下流离失所的漫长漂泊。

从军以后，刘备先是跟着政府军中一个名叫邹靖的将军作战。

需要说明的是，刘备从军有一定的独立性质，他和他的兄弟们更像是一群志愿者，配合政府军作战，而不是被收编到政府军当中。

可见，刘备一出道就有着自立山头的想法。不过这仅仅是他自己的想法。一群不会打仗的泥腿子，掺和到政府军当中混饭吃，在别人眼里这是不折不扣的瞎折腾加穷折腾。

不折腾这句话是有道理的。尤其是在打仗的时候，折腾来折腾去，弄不好就把完整的一条性命折腾没了。

刘备转战到青州平原（今山东平原西南）一带，切身地体验了战争的残酷。

一次敌我双方在野外遭遇，二话不说，就直接开打。由于是遭遇战，兵法谋略阵形之类的统统没有用，最有用的只有一样：谁的人马更多，谁更狠更玩命。

后来的事实证明，政府军是不一定靠得住的。在起义军的疯狂进攻之下，领头的将军不明白这场战怎么打，但有一点他是明白的，再不撤退弟兄们就要全军覆没了。

等政府军撤（说"逃"应该更准确一些）到安全地带，大家惊魂初定，重新归队，清点人数，发现一仗下来很多人都没了。

对于关羽、张飞等刘备的兄弟们来说，最在乎的不是战斗减员多少，而是一个人的生死——刘备。因为刘备也不见了。

关羽、张飞等人立即分头寻找，有一拨人马顺着逃跑的路线原路返回，又找回到战场上。

跟有后勤保障的政府军不一样，起义军一向很艰苦的，没人发工资，吃的、穿的、用的都要自己动手，因此一般都是管杀不管埋。此时的战场，起义军已经走远，只剩下断戈残剑，尸横遍野，血映残阳，寒鸦哀鸣。

就在关羽、张飞等一帮兄弟近乎绝望的时候，一个受伤的人从尸体堆里爬了起来。原来他是在装死。

这个人正是刘备。

这件事透露出一个强大的信号：刘备一生都在信守着一个著名的军事原则——打得赢就打，打不赢就跑。

刘备戎马一生，运用这个原则的次数已经多得无法统计，不计其数了，从平原到徐州，从新野到夷陵，都留下无数他仓皇逃跑的足迹。因此现在有人称他为"刘跑跑"。而且不只是刘备自己，刘备手下的关键人物，比如关羽、张飞等人，也都跟着他跑遍了大半个中国。

打得赢就打，打不赢就跑，跑不掉就装死甚至暂时投降，是个行之有

效屡试不爽的好方法。刘备是这样做的，也教导关羽、张飞等弟兄们这样做，不要太在意一场战斗的胜负，不要太心疼一座城池的得失，这一切都不重要。我们有充分理由相信，战场上常败不死的人，除了运气好之外，还有更重要的一点——他们没有硬拼，没有抱着必死的决心，做无谓的牺牲。如果在没有胜利希望的战局下，仍然坚持到底，死战不退，别说你是历史上血肉之躯一个脑袋两条胳膊的关羽关将军，即便是传说中神勇无比，羽化成仙的武圣"关圣帝君"，照样是玉石俱碎，倒地成鬼。如果愚拙的坚持所谓的道义，做了无谓的牺牲，就不再有任何希望，心中的远大抱负，宏图伟岸也就永远无法实现。

所以有时候死并不光荣，活着才真的伟大。当然，活着不是苟且偷生的活，活着是为了从头再来，笑到最后。我们都想活得精彩，但，活着才是人生的第一要务。

做人必须诚信，铸就美好未来

倘若成功是远方的彼岸，诚信就是托载你的船舶；倘若成功是珠峰的峰顶，诚信就是你手中的绳索；倘若成功是巍峨的大厦，诚信就是大厦的基石。

李嘉诚因诚信成为亚洲首富；华盛顿因诚信成为受人爱戴和尊敬的美国第一任总统；秦末的季布因诚信令许多人甘愿冒着灭九族的危险来救他，也使"一诺千金"这个成语流传至今。事实说明一个人诚实有信，自然得道多助，能获得大家的尊重和友谊。反过来，如果贪图一时的安逸或小便宜，而失信于朋友，表面上是得到了"实惠"。但为了这点实惠他毁了自己的声誉，真是得不偿失。

百事可乐的总裁卡尔在科罗拉多大学演讲时，答应约见商人杰夫。然而卡尔兴致勃勃地演讲，忘记了两人的约定。"您和杰夫在下午两点半有约在先"的名片使卡尔恍然醒悟。征得大学生的同意后，卡尔快步走出礼

堂，找到了杰夫，向他道歉，并告诉了杰夫他想要了解的一切。受卡尔的影响，杰夫也成了一名重信守信的成功商人。

俗话说："君子爱财，取之有道，用之有度。"君子要成功，也须取之有道，这"道"就是诚信。

无论你身在何处，在校园生活中，还是走入社会，活着就要讲诚信，因为我们每一个人都希望得到别人的信任，也希望自己能够成功，因此离不开讲诚信。

古今中外，无数名垂青史的成功者，都是诚信待人，赢得志同道合的人扶持，最终成就一番大业。华盛顿小时候砍掉父亲心爱的樱桃树，面对父亲的愤怒，在父亲的面前毫不避讳地承认了自己的错误；而宋庆龄老奶奶之所以受人爱戴，也和她一生诚信待人相关，有一次她与一所小学约定看望小学生，可是到了约定日期，天突然下起了大雨，同学们都以为宋庆龄奶奶不能来了，但宋庆龄依然冒雨前去赴约，这让同学们很感动；韩信落魄时，一个漂母给他饭吃，韩信离开她时候，告诉她以后一定报答她。后来韩信做了楚王，不忘报恩，奉黄金万两以示报恩。

像这样的事例有很多很多，他们诚实守信的为人最终不都使他们成为了有用的人才吗？从我国古代魏征以诚信直言敢谏，到现代我们的开国领秀毛泽东都体现着我们中华民族一惯有着"以诚为本，以信为天"的优良传统，也为我们后代子孙点亮了前进的方向，诚信不可失。他们成功的人生同样也验证了，诚信是每个人应有的品德，是成功者之所以成功的基石。海尔公司的"诚信到永远"。不也让很多同行企业徒有羡鱼情吗？

可是回到现实生活中，有很多人不明白这个道理。古代幽王有个宠妃叫褒姒，为博取她一笑，周幽王下令在都城附近20多座城台上点起烽火——烽火是边关报警的信号，只有在外敌入侵需召诸侯来教援的时候才可以点燃。结果诸侯们见到烽火，率领兵将们匆匆赶到，弄明白这是君王为博妻一笑的花招后都愤然离去。褒姒看到平日威仪赫赫的诸侯们手足无措的样子，终于开心地一笑。五年后，西夷太戎大举攻周，幽王烽火再燃而诸侯未到——谁也不愿再上第二次当了。最终，周幽王不得不自食其果，

身死国亡。

曾经报纸上报道过，上海有一家方便面厂桶装方便面由于包装桶材质不合健康标准，而顾客又经常用包装桶泡面，一个长期食用该厂方便面的壮年男子受包装桶中有害物质危害，致使全身疲软无力，该事披露后，该方便面厂也由之破产。

还有现代社会上很多的传销团伙为了赢得利润不惜出卖亲情、友情，甚至爱情，最终得到的终是社会对他们的惩罚和谴责，这样的人一定有他们的如意算盘，阻碍自己的人要在暗中将其放倒，有关系的人要在暗中利用，"狐朋好友"们相互照应，他们以为在暗中就不会被别人发现，从而得到他们的成功，他们中的有些人也的确成功了，但诚实守信是面明镜，不诚实的人在他面前都会露出本来面目，这种"成功"是不能长久的，经过时间的延续人们必定会知道真相，那时他们将一无所有，得到的只是人们对他们的唾骂和讥讽。

商业需要诚信来维持发展，有时人的生命也需要诚信来维持。

《郁离子》中记载了这样一个故事：济阳有个商人过河时船沉了，他抓住一根大麻杆大声呼救。有个渔夫闻声而至。商人急忙喊："我是济阳最大的富翁，你若能救我，给你 100 两金子。"待被救上岸后，商人居然翻脸不认帐了。他只给了渔夫 10 两金子。渔夫责怪他不守信，出尔反尔。富翁说："你一个打鱼的，一生都挣不了几个钱，突然得了十两金子还不满足吗？"渔夫只得怏怏而去。不料想后来那富翁又一次在原地翻船了，有人欲救，那个曾被他欺骗过的渔夫说："他就是那个说话不算数的人！"于是商人无人搭救，被淹死了。商人再次翻船是偶然的，但商人的不得好报却是在意料之中的，因为一个人若不守信，便会失去别人对他的信任，不能立足。所以，一旦他处于困境，便没有人愿意出手相救。这也验证了失信于人者，一旦遭难，只有坐以待毙的经典。

诚信不仅是一个人应具有的基本品德，而且还是一块直接关系到一个人能否走向成功的基石。如果有人问我"什么是生命的真谛"？我会毫不犹豫地说："诚信"。

海涅说过："生命，不可能从谎言中开出花朵。"也就是说，经常说谎的人迟早会被社会所淘汰。"庐山真面目"总有一天会被揭开，信任的根基永远是诚实。

我们绝不能因小失大。如果带有个人目的对事实加以掩饰、扭曲，就会走向诚信的误区——虚伪。一些人为了自己的利益，而践踏了人性，损害他人利益，终究毁了自己的前程。虽然某些人是为了满足自己一时的需求而不讲诚信，但是同长远利益，今后的长远发展相比，那只是"蝇头小利"，非常地微不足道。

美好的未来确实令人向往，而诚实守信才是铸造美好未来的基本前提。因此，我们大家都要一心为别人着想，"以诚待人，以信交友。"

"君子一言，驷马难追。"这一句古训是说，人在理智状态下一旦许下诺言，就是忠实地履行承诺。无数事实告诉我们，交往中不兑现自己的承诺，失信于人，就会产生信任危机。21世纪是一个竞争强烈的世纪，诚信就是一张无形的信誉卡，一旦失去了，就会被社会淘汰。美好的未来也会变得遥遥无期。

Chapter 10
这辈子，用心活出生命的精彩

　　大部分的人都注重生命的长度，却忽略了生命的亮度。人生要精彩一点，生活才能丰富一点。但是，什么是精彩？生活多采多姿，就是精彩吗？平凡的人生要如何展现精彩？

　　不管你是贩夫走卒也好，或是达官贵人也罢，每个人都能在有限的生命中，展现无限的自己，别人记住的，不一定是你的头衔或卷标，却一定不会忘记你所曾经拥有过的精彩。能够活得精彩的人，就是能够透透彻彻地了解，自己在做什么，自己到底要什么，自己又有什么地方能够做到让别人自叹不如、五体投地、深感佩服。人这辈子要想拥有熠熠生辉的人生，你就要唱自己的歌，就要做自己的主角，坚守自己的生活信念，用满腔的热忱付诸于行动，用魅力和自信展现出你的风采。

用心感受生活，活出精彩人生

生活的真谛不是轰轰烈烈，那只是对少数人生命的诠释，我们的生活是真实的，也是平凡的，平凡的生活中存在着很多平凡的感动。用心去体验生命的历程，让感动贯穿于我们的一生，这样的生命过程才拥有真正的生活。

生活中，我们经常会听到周围有人抱怨生活很郁闷，亦或是活得很疲累。繁忙的都市生活给大多数现代人带来了太多的压力，快节奏的生活方式使他们忙于奔波。其实，生活中有很多美好的东西值得你细细品味。有时候即使只是一件很小的事情也可能给你带来快乐，关键是要用心感受生活。只要用心去感受生活，你会发现原来生活中还有这么多令人快乐的事情。

生命是人从出生到死亡的一个过程。在这个过程中，我们应该留心地去品味生活，发现生活中的幸福与美好。领略生命历程中，亲情、友情、爱情以及对周围事物的微妙的感情。只有用心去观察，用生命去感受，这样的人生才会拥有最美好的生活，才能体会到生活带给我们的恩赐和感动。

用心生活，就要努力工作，专心做事，就要像狮子扑兔子，要全力以赴，更要像小鸟筑巢时的那般细心和负责。用心做事的人像是从事一门艺术，他们能看到生活中最美好的一面，领略到人生中独特的风景。

生活就是这样，需要我们用心来感受它的一点一滴的美好。其实幸福是无形无状的，但又是无处不在的，最重要的是你如何去发现它的存在。懂得享受生活乐趣的人，他们从哪怕是一点点的小事中都能获得快乐。也许是因为他们拥有一颗感恩的心吧，感谢生活带给他们的一切，知足常乐；也许是因为他们拥有一颗善良的心吧，乐于帮助别人并因此而获得快乐，助人为乐；也许是因为他们拥有一颗细腻的心，善于发现生活的美

好，自得其乐。

一名农夫在偏远的农村呆了一辈子，从来没有离开过那片土地。当一位记者去采访他，问到他一辈子都住在那样恶劣的环境中，而没有离开过大山，是否感到遗憾。他回答说"没有遗憾，我每天都感觉到很快乐！"

生活要用心灵去感受，更要用包容、豁达的心情看待生活，即使我们处于生命的低谷，也会体会到人生的美好与幸福。

有句话说："有时候命运让我们不能选择，但是我们可以选择的是人生的态度——不向命运屈服。"生活中的一切，不论是苦难还是幸福，不论是烦恼还是快乐，都有其存在的理由，我们都无法回避、无法挑选。用心对待，只有这样我们才能真正体会到人生的美好。

生活中有很多人对于工作的感觉是单调、枯燥无味、辛苦等千篇一律的感受，只有极少数的人谈到他们的工作时会神采飞扬，手舞足蹈，他们会自豪地告诉你，他们的工作速度如何之快，效率如何高，超过了目标的多少，任务完成又达到什么样的新水平。那种快乐溢于言表，他们是真的享受到了工作中的乐趣。然而我们又要怎样才能享受到工作的乐趣呢？这是一个长远的问题，关系到大家对自己的工作兴趣培养的问题，以及以后的职业发展问题。在我们绝大多数员工乃至管理层中，普遍存在着一种这样的观念，认为自己的工作"不得不做，非做不可"才去做的，完全处于一种被动状态，导致大家对自己的工作觉得十分乏味、枯燥。如果我们都以这种心态去工作，怎能领悟到其中的乐趣呢，怎么能把工作做好呢？

喜欢工作、享受工作与痛苦工作、被迫工作，其道理相当于自愿锻炼身体与被动劳作的差异效果。用付出的体力来衡量两者可能差不多，但是心情愉悦程度却大相径庭。因为其前提一个是"自愿"，一个是"被动"，自然也就产生两种心情，一为享受，一为付出。

经常听到一些人因工作繁忙而叫苦不迭，殊不知，只有善待工作的人才会忙，只有"忙"才会让你有成就感，才能让你的生活有意义！有些人在退休后感到无事可做时，往往会发出这样的感慨：现在想做些什么也不可能了，早知这样，当初就应该多做些事就好了。奉劝那些整天无所事事

的人：努力提高自己，投身工作，享受工作。

我们应该用正确的观点对待工作：从事一项工作，不如喜欢这项工作；喜欢这项工作，不如享受这项工作。这句话在实践中会让你感觉到其深刻的道理。

有人就幸福和痛苦说过这样一番话：什么是幸福？幸福是一种感觉，自己感到幸福就会很幸福；什么是痛苦？痛苦就是有空闲的时间去琢磨自己是不是幸福。这话真的很富有哲理，值得我们好好去反省一下。一心忙于工作，作为一种享受，就会感到很知足，就很少有时间去想东想西，烦恼自然也会少了许多。"工作并快乐着"的感觉估计很多人都有，也许刚开始工作的时候不习惯，总感觉有好多事情要做，一天下来，累得身子像跨了一样。但当你在工作上取得突破的时候，就会感到欣慰，这种欣慰是发自内心的，让你深切地感觉到工作带给你的意义。工作，让你感到多么的快乐。

19 世纪英国哲学家克雷尔说："在工作本身找到乐趣的人有福了，因为他不必再求其他的福祉了。"工作着是美丽的，工作着是快乐的。

我们还是应该对自己的工作目的有一个理性的审视。为了能够获得愉悦的工作环境和工作体验，为了能够使自己幸福地工作。

一个人在社会上工作，最基本的目的就是要获得维持生存和生活的基本生活资料，这是工作最基本的目的。然而，工作也是我们的生活，我们不能把工作的实际从我们的生活中转移到另一个空间，所以，我们要用热忱的心态去看待工作。

有时候我们总感觉工作是多么的乏味，多么的枯燥，做稍许就很疲惫，总是埋怨工作的好坏，从而也阻碍了成功的步伐。如果你工作之余敞开心扉多思考一些工作的乐趣，给工作注入生机，你将会轻松自如。

李嘉是一家机械维修公司的一级修理工，上班时他不是拧螺丝，就是开车床，整天得跟这些油乎乎的机器零件打交道，工作无聊到极点，但他却不能放弃这份工作，因为他必须以此为生。于是，李嘉就下决心改变这个局面，便开始着手钻研这些机器的构造是怎样的，如：为什么汽车能运

行？运行一段时间后为什么会发热？汽车运行原理与火车有何不一样？如此坚持着，他的这份工作对他就很有吸引力。经过努力，他成为该公司的维修专家，后来他被送到一所大学去进修"机械制造"专业。

一个人对工作所具有的心态，就是他人生的部分表现。一生的职业，就是一个人志向的表示、理想的所在。工作是我们生活的一部分，我们要在工作中享受生活的乐趣。如果一个人只是为了薪水去工作，那就代表他是不忠于生活的。

世界上不存在永远让你高效旺盛的工作。任何的工作最终都会归于一种平淡，就像生活给我们的感觉一样。你要想做好并享受你的工作，就必须接受这种平淡，而且从这种平淡中享受它带给你的乐趣。

人活着必须要工作。我们应该持有的正确的人生态度应是：工作时工作，生活时生活，并以享受生活而非拼命工作作为人生的目标。只有工作才能为社会创造财富；只有工作才能获取谋生手段；只有在工作中，才能磨练自己，成就自己。但工作不是生活的全部，生活不是为了工作，而工作是为了生活。如果仅为工作而生活，那我们人就成了异化的对象。

平时在我们工作的时候，大脑总是处于一种紧张、亢奋的状态，一个工作结束，另一个马上接替上来，周而复始，身体机器超负荷运转，来不及调整，最终以崩溃作为代价。

于是，很多人的工作、生活理念正在悄然发生变化：渴望在工作之余找到一片能使身心放松、压力缓解的"绿洲"。其实，在工作的同时你也可以享受到它的快乐，可以让自己过得轻松愉快。

工作总是无止境的，调整自己的心态很重要，不要把工作当成自己唯一的生活重心，否则心很快就会疲惫，兴趣很快就会消失。如果想到工作后还有上网、听歌、聚会、聊侃，多姿多彩，你会充满希望，轻松应对。在这种放松的状态中，你也许还会思路大开。有张有弛，像音乐一样有节奏感，才会让工作变成悦心的事情，完成后才会有成就感。

放慢脚步，紧张中寻些悠闲，保护自己的身心健康，才是最重要的。无论你平时工作多忙，都不要把自己逼得太急，赶得太紧，也不要活得太

累，要有张有弛，这样生活工作才相得益彰。

愿意的人命运牵着走，不愿意的人命运拖着走，智者与命运结伴而行。别把生活和工作当作沉重的负担，如果你仔细聆听，上面布满了幸福的音符。用心感受生活，就会多一份享受，少一份抱怨；多一些快乐，少一些烦恼；多一些成功，少一些失败。

选择积极心态，让生活更充实

一个庸碌的人，受到事情的驱使，成为一个机械化的人，只有当你的指挥官下达命令，才会马不停蹄地工作，从而产生烦躁，如若能够找欢乐，负面的心绪也随之消失。事实上，快乐就沉睡在心的大海的源头，只需用信念泛起一叶轻舟，即可到达，而快乐就会像流水一样，涓涓流出。

一个人面对生活的态度，决定着人生的整个基调。那些拥有积极心态的人，他们总是看到生活中光明的一面，他们不仅有选择、拒绝的能力，而且能够承担自己的责任，塑造自己的未来，发挥自己的潜在能量；而那些具有消极心态的人则是被动消极的，他们总是看到生活中灰暗的一面，他们的一生碌碌无为，受消极潜意识和本能的盲目驱使，生活变得麻木而无味，注定将一无所成。

拿破仑·希尔曾讲过这样一个故事：一个星期六的早晨，一个牧师正在为准备第二天的演讲伤透脑筋，他的太太出去买东西了，小儿子由于没人照看一直在旁吵个不停。牧师随手拿起一本旧杂志，顺手一翻无意间看到一张色彩鲜丽的巨幅图画，那是一张世界地图。他于是把这一页撕了下来，撕成碎片，丢到了客厅的地板上然后对小儿子说："强尼，来，把它拼起来，我就给你两毛五分钱。"牧师以为他至少能安静个半天，怎料不到十分钟，他书房就响起了敲门声，"爸爸，我已经拼好了。"儿子强尼喊道。牧师惊讶万分，他怎么能这么快就拼好了，而且每一片纸头都整整齐齐地排在一起，整张地图又恢复了原状。"儿子啊，你怎么做到的？"牧师

问道。"很简单呀!"强尼说,"这张地图的背面有一个人的图画。我先把一张纸放在下面,把人的图画放在上面拼起来,再放一张纸在拼好的图上面,然后翻过来就好了。我想,假使人拼得对,地图也该拼得对才是。"听完,牧师忍不住笑了起来,立马给儿子两毛五的镍币。"儿子呀,你把明天演讲的题目也给了我了。"牧师说道,"假使一个人是对的,他的世界也是对的。"

这个故事意味深长,如果你不满意自己的环境,想力求改变,则首先应该改变自己的心态;假如一个人有积极的心态,那么他四周所有的问题都将迎刃而解。积极的心态是心智的健康和营养,它能让一个人充满自信、受人喜欢、知足常乐、倍感幸福,更重要的是它还能让人改变自我、改变世界。

我们的人生掌握在自己手里,如果要想使生活充满快东,要想驾驭好自己的人生,我们别无选择,我们只能选择乐观积极的生活。一旦作了积极的决定,即意味着日常生活中,俯拾即是机会。每一次经验都是全新的开始,每种不同的想法都是对生活不断的挑战。在取得主动的地位后,便能镇定自若地变通,决定应付的方式和态度。

在这个世界上,积极心态这种东西任何人都可以免费获得,只要你愿意。成功的人,拥有一个良好的心态是必备条件。心态就是所有奇迹的萌发点。

百货店里,有个穷苦的妇人,带着大约四岁的男孩在转圈子。走到一架快照摄影机旁,孩子拉着妈妈的手说:"妈妈,让我照一张像吧。"

妈妈弯下腰,把孩子额前头发拨在一旁,很慈祥的说:"不要照了,你的衣服太破旧了。"

孩子沉默了片刻,抬起头来说:"可是,妈妈,我仍会面带笑容的。"

亚伯拉罕·林肯说:"人下决心想要愉快到什么程度,他大体上也就愉快到什么程度。你能决定自己头脑中想些什么,你就能控制自己的思想。"对于生活中的是非曲折,最大的忌讳是过多地抱怨生活,从而自暴自弃。这种人除了在自己的心中装满委屈和遗憾之外,剩下的就只是浪费

有限的光阴。

其实，我们应当换种方式来看问题，你想，在你一生的历程中，你能彻底杜绝因外来因素而受到的各种伤害吗？除非你逃离到世外桃源，即使这样，也恐怕你不能不受到一点委屈。说严重一点，有很多人正是因为老是觉得自己委屈，才无力抗击生活而成为一个弱者。当然，伤害和委屈并不可怕，并不能致人于死地，关键要看你的心态如何。再换一个角度，有一点伤害，有一点委屈。反而会让你觉得善待自己的意义。

积极的心态并不否认消极因素的存在，相反，它教会人们在看待事物时，能充分考虑到生活中既有好的一面，也有坏的一面，这是不以意志为转移的客观事实。同时，它让人不会因此沉溺其中，面对失败、挫折、误解、意外不会自甘堕落、无所作为，而是总能及时地调整情绪、心存高远，以乐观、向上、愉悦和创新的态度走出困境，面向未来。

生活本来很平淡很简单，当你在为痛苦不幸而伤心哭泣时，请转变一下眼光调整一下心态来积极的面对生活，这样你就会发现原本的痛苦正是为你走向快乐做的铺垫。

有一次，芝加哥大学校长罗勃·梅南·罗吉斯在谈到如何获得快乐时说："我一直试着按照一个小的忠告去做，这是已故的西尔斯公司董事长裘利亚斯·罗山渥告诉我的。他说：'如果有个柠檬，就做柠檬水。'"这是聪明人的做法，而愚人的做法正好相反。愚人会发现生命给他的只是一个柠檬。他就会自暴自弃，让自己沉溺在自怜自悯之中。可是当聪明人拿到一个柠檬的时候，他就会说："从这件不幸的事情中，我可以学到什么呢？我怎样才能改善我的状况，怎样才能把这个柠檬做成一杯柠檬水呢？"

在佛罗里达州有一位快乐农夫，他把一个毒柠檬做成了柠檬水。

当他买下那片农场的时候，他觉得非常沮丧。因为那块地既不能种水果，也不能养猪，那里能生存的只有白杨树及响尾蛇。

然而，他很快想到了一个好主意，他要把那地上的所有变成可利用的资源——他要利用那些响尾蛇。他的做法使每一个人都很诡异，他开始做响尾蛇肉罐头。他的生意做得有声有色。他养的响尾蛇体内所取出来的蛇

毒，运送到各大药厂去做蛇毒的血清。响尾蛇皮以很高的价钱卖出去做女人的鞋子和皮包；装着响尾蛇肉的罐头送到全世界各地的顾客手里，有很多人买了印有那个地方照片的明信片，然后在当地的邮局把它寄了出去。每年来参观他的响尾蛇农场的游客差不多有两万多人。这个村子现在已改名为佛州响尾蛇村，也是为了纪念这位把有毒的柠檬做成了甜美柠檬水的先生。

我们愈对那些有成就者的事业进行研究，就会愈加深刻地感觉到，他们之中有非常多的人之所以成功，是因为他们开始的时候有一些阻碍他们前进的障碍，也正是这些障碍促使他们加倍地努力，从而得到更多的回报。他们从来不抱怨生活带给他们的不幸，因为如果抱怨成了一个人的习惯，就像搬起石头砸自己的脚，于人无益，于己不利，生活就成了牢笼一般，处处不顺，处处不满；反之，则会明白，积极的生活着，其实本身就是最大的幸福。

伟大的心理学家阿佛瑞德·安德尔说，人类最奇妙的特性之一就是"把负变为正的力量"。这种力量就是我们积极向上、追求快乐生活的源动力。

幸福和快乐是由我们自己来作主的。没有人能左右我们的人生，只要我们能积极的生活，不辜负每一个日子，并且逐渐清楚自己的目标，合理安排自己的生活。我们便能每天都有新的收获，拥有快乐美好的生活。

人生不能失去积极的心态，因为它是一叶轻舟，承载希望到达彼岸，并"拾"起快乐。它还是一盏路灯，照亮并且指引前进的道路。

学会寻找快乐，让旅途更轻盈

快乐是自己的事情，只要愿意，你可以随时调换手中的遥控器，将心灵的视窗调整到快乐频道。

有一句被人们熟知的智慧格言："快乐不是你拥有的多，而是你计较

的少。"快乐是一种心境，是内心的一种感悟。学会过滤自己的心灵空间，存放快乐，删除烦恼，就会让自己的心灵变得更加的豁达与开阔。

其实，快乐一直象鲜花一样铺满大地，只是太多的时候，我们傻傻地错过了，或是忘了去用心捡拾。人生是美好的，有时难免有一些磕磕碰碰，难免会有不顺心的事情，一切只是自己太脆弱了，不能经受风吹雨打；一切只是自己无法放开，或者不知怎样放开，所以遭遇挫折后才容易受伤，容易绝望。只要我们能抛开痛苦、悲伤，人生就会变得美丽，就会充满阳光，有花，有草，有意义。烦恼与快乐就像是亲密的伴侣，只要你懂得退一步海阔天空，定能拨开愁云，看见快乐的笑容。

古时候有一个故事说，某老妇有两个儿子，一个染布，一个卖伞，当天晴时，老妇在家愁眉不展，担心她儿子的伞卖不出去，当天下雨时，老妇仍然哀声叹气，担心儿子没法染布。有人劝她说，天晴时，你儿子就可以染布，你应该为他高兴；天下雨时，你儿子又可以卖伞了，你仍然应该为他高兴。

有一句话说得好：世上本无事，庸人多自扰。我们要快乐的生活！痛苦也是过一天，快乐也是过一天，那么我们为什么不选择快乐地过好每一天呢？

人一生快乐与否也代表着一种生存的意义，心情的好坏也代表一种生命的质量。让自己快乐的人，他的一生也将是美丽绚烂的。世界上万事万物都是相互依存、相互联系的，如果你能够让它快乐，它也就能够让你感到快乐。如果你能够让一朵鲜花快乐而又自由的绽放，就不要折断它的花蕾，那么鲜花也会为你带来快乐，在你烦恼的时候它将为你送上一缕沁人心脾的温馨。

相传，曾有一群四处寻找快乐的年轻人却总是遇到烦恼和忧愁，无奈之中，他们找到哲学家苏格拉底："快乐究竟在何方？"苏格拉底并未正面作答，却说："劳驾你们帮我造条船吧?!"于是，年轻人把寻找快乐的事暂放一边，找来造船工具，吆喝着砍倒一棵大树，然后将树心掏空，不久一条别致的独木船就造成了。年轻人把苏格拉底请到船上，大家一起划桨

放歌，游山玩水。老哲学家问道："孩子们，你们快乐吗？"大家抢着回答："快乐极了！"此时，苏格拉底才语重心长地告诉这群年轻人："快乐就是这样，它往往在你为着一个明确的目标忙得无暇顾及其他的时候突然到来。"

这个故事启示我们：快乐是种良好的心态，是种达观的情绪。我想，它应该源于心灵的安宁和精神的充实吧。快乐的标准因人、因时而异。自由飞翔是鸟的快乐，自在潜游是鱼的快乐，如果将它们的乐境互换，那结果定不堪设想了……快乐是简单，快乐是难得的糊涂，快乐是宽容、是理解，是那一颗处之泰然的平常心。

拥有快乐才是成功的一生。然而，快乐却并不是每个人都能够拥有的，有些人终日怨天尤人，愁眉满目，根本就无法拥有快乐，而真正决定快乐的因素在于自己。快乐是一种发自内心的精神状态，你是自己心情的掌舵人，你可以随时为自己创造一种快乐的心境。记得时常对自己说："我很快乐，我在各方面都做的很好，我会越来越快乐。"这样，你的潜意识中就会就会散发出快乐的元素。

有一个人问上帝："上帝，你能告诉我为什么天堂的人都很快乐，而地狱中的人却非常痛苦呢？难道是因为他们条件上的差别吗？"上帝笑了笑，并没有直接回答他的问题，而是将他带到了地狱，在这里他看到人们围着一个大锅，锅里煮着满满的美味佳肴，但是这些人都是又饥饿又生气的样子。因为他们手中握着的勺子太长了，他们无法将食物送到自己的嘴中。接着上帝又带他来到了天堂，同样，天堂中也有一个煮着美味的大锅，里面的每个人也都拿着一个很长的勺子。所不同的是，他们都在津津有味而又快乐的吃着。因为他们都将自己勺子中的食物送到了对方的嘴里，这样，他们都吃到了食物。

与人分享也是一种快乐。萧伯纳曾经说过："你有一个苹果，我有一个苹果，彼此交换，每个人只有一个苹果。你有一种思想，我有一种思想，彼此交换，每个人就有了两种思想。"分享能够让人减少痛苦，获得快乐。

不止一位先贤指出，一个人无论看到怎样的美景奇观，如果他没有机会向人讲述，他就决不会感到快乐。人终究是离不开同类的。一个无人分享的快乐绝非真正的快乐，而一个无人分担的痛苦则是最可怕的痛苦。

一笑解千愁，让我们挣脱心灵的羁绊，用我们喜悦的心情拥抱新生的太阳。

懂得善待生活，才能更加幸福

生活就像是一面镜子，你对他笑，他也对你笑，你对他哭，他也对你哭。而善待生活的人，就是对镜子笑的人。斯勒佛说过：希望就是生活，生活就是希望。所以，善待生活的人，就是充满希望的人。

很多时候，我们过于执着于自己想要的而忽略了生活的本质，我们为了明天而活，为了恐惧而活，为了比较而活，劳于奔波，疲于奔命。当然，对于我们这些处于人生的起点阶段的年轻人来讲吃苦是应该的，但是生活并不全是吃苦奋斗，并不是一个个目标而组成的，今天过去了就过去了，明天再精彩也换不回今天。我们习惯怀念过去，习惯担心未来，所以没有今天。学会善待生活，珍惜身边的人，学会感动，感动于生活中的点点滴滴，感动于亲人的举手投足，感动于自然万物的造化天成，领悟生命真谛。古人讲："治大国如烹小鲜"，善待生活、善待他人、善待自己，养成平和的心态，沉淀展翅的力量，尽人事，而知天命。

泰戈尔说过："路的尽头，不是我朝圣的地方；路的两旁，倒有我神庙的殿堂。"生活中的乐趣无穷，只要我们去发现。

有一个女孩，受她父亲的生活态度影响极深。她儿时到父亲的公司去，看见印有公司名称的纸张，制作得十分精美，一时兴起，就拿来给同学写信。信写到一半时，她父亲看到了，就叫她将纸放下。女孩一向受父亲疼爱，便撒娇说："爸，只不过是一张纸而已。"

父亲说："现在只是一张纸而已，以后你养成了习惯，到哪里都无所

谓，就变成个人习惯问题了。"这个女孩从此有了良好的生活态度。

生活中很多事情，虽然事小，却对人生有着很大的影响。它常常能反映你为人处事的态度，如若平时不注意，不认真对待，它就有可能演变成一个不良的习惯，进而影响你一生。

马丁·路德有一句话："一个人若以扫街为生，他的态度应如米开朗琪罗绘画、贝多芬作曲、莎士比亚编写剧本一般严谨，这便是生活态度。"认真对待生活，不仅是一种心态，也是一种做人、做事的方式和生活的技巧。

在一间工具房里，有一些工具聚在一起开会，大伙商量要怎样对付一块坚硬的生铁。

斧头首先耀武扬威地说："让我来，我可以一下子就把它解决了。"于是斧头很用力地对着铁块砍下去，可是只有一会儿的功夫，斧头便钝了，刀刃也卷了起来。

"还是让我来吧！"锯子信心百倍地说着，它用锋利的锯齿在铁块上面来回地锯，但是没有多久，锯齿都断了。

这时锥子笑道："你们真没用，退到一边去，让我来显显身手。"于是锥子对铁块一阵猛锥猛打，其声震耳，但锥了好久，锥子的头也掉了，铁块依然无动于衷。

"我可以试试么？"小小的火焰在旁边请求说，大家都瞧不起它，但还是给它一个机会试试。

小火焰缓缓地盘着铁块，不停地烧，不停地烧。过了一段时间，在它持续恒久的热力之下，整个铁块终于烧红，并且完全融化了。

看看周围的成功者与失败者，你就会发现，有的人很聪明，但却毫无建树，而有的人虽然生性驽钝，却常常有所成就。其中的奥秘就在于笨人能坚持不懈地来做事以弥补自己的缺陷。而聪明的人常自以为是，忽视了持之以恒的重要性。

哈佛大学有句校训："你不能选择自然的花香，但可以选择心灵的故乡。"学会去善待生活吧，让你的心灵穿越所有的喧嚣，找到一片属于它

栖息的故乡；试着去善待生活吧，相信你会在这浮华的城市中寻找到属于你的世外桃源！

享受此时此刻，抓紧眼前幸福

大千世界芸芸众生，万事随缘，随顺自然，享受此刻，这不仅是禅者的态度，更是我们快乐人生所需要的一种精神。活在当下，享受此刻是一种平和的生存态度，也是一种生存的禅境。

"宠辱不惊，闲看庭前花开花落；去留无意，漫随天外云卷云舒。"放得下宠辱，那便是安详自在。吃饭时吃饭，睡觉时睡觉。凡事不妄求于前，不追念于后，从容平淡，自然达观，随心，随情，随理，便识得有事随缘皆有禅味。在这繁忙的名利场中，若能常得片刻清闲，放松身心，静心体悟，日久功深，你便会识得自己放下诸缘后的本来面目：活泼泼的，清静无染的菩提觉性。人们获得缘不是靠奋斗和创造，而是用本能的智慧去领悟去判断。

鲁彦说过这样一段话：我既生为今日的我，为什么要追求或留恋今日的我以外的我呢？今日的我虽说是寂寞地孤单地看守着永没有人或电话来访问的房子，但既可以安逸地躲在房子里烤着火，避免风雪的寒冷，又可以隔着玻璃，诗人一般地静默地鉴赏着雪花飞舞的美的世界，不也是足以自满的吗？

生活的真谛是什么？它是一首歌，是一个故事，是一场戏，是一壶陈年老酒……

每个人都应学会享受现在，轻松而快乐地度过每一天。首先，要理解人生的真正实质。把自己的心态摆正，用一颗平常的心态，去体味人生，享受人生，去迎接大自然对人生的挑战，正确认识到酸甜苦辣乃是人生的真谛，兴衰荣辱即是自然界赋予人类永不衰败的主题，同时还存在着大自然与万物之间相生相克的奥秘。

我们在此说的享受生活，是不被功名利禄所牵绊，对人生路上的沉浮不仅要看得开，更要想得远，既要拿得起，又要放得下。不要在鲜花与掌声之中飘飘欲仙；不要在失败与磨难中而心灰意冷；不要在顺境中目空一切；不要在逆境中停滞不前。要在"繁华过尽皆成梦，平淡人生才是真"中去品味人生的真正美丽；要在"酸甜苦辣皆有味，兴衰荣枯皆自然"当中去享受生活的自然滋味。

让我们保持一份生活的宁静，在有云的日子里，不再悲伤，在辉煌的岁月中，不要忘形。用一种平常的心态去善待生活的每一天，平静的心态追求目标。生活需要激情，但不要刺激，不要贪婪，更不要囚禁在金钱、权力、美色中。要能够正视自己，不奢求；追求品位，不爱慕虚荣。

对于一杯清茶来说，并不比一杯咖啡逊色，搂着爱人散步并不比坐"宝马"兜风缺乏情趣，全家团聚喝着稀饭的那种境界并不比让情人陪着坐在音乐厅的茫然心情更让人感到真实。只有学会享受生活，才能做到更加珍惜生活，从而激发你创造生活。

《圣经·诗篇》有这样一句话："主创造了今天，我们为活在今日而欢欣雀跃。"导致人们疯狂的往往不是今日的沉重，而是对昨日的懊悔和对明日的畏惧。懊悔和畏惧如同一对孪生的窃贼，偷走了我们的今天。品味现在，享受此刻吧。

只要认真体会，生活原本完美

生活对每个人都赋予了同样美丽的意义和无穷的快乐，只要你认真地去体会，去感受，哪怕你是一个有缺陷的人，也会同样拥有完美的生活。生活永远是豁达的，它对每个人都是公平的。也许你是一个有缺点的人，然而你却依然可以享受完美的生活。

莱迪诞生时，双目失明。医生说："他患的是双眼先天性白内障。"

他的父亲不甘心："难道就这样束手无策了吗？手术也无济于事

了吗?"

医生摇摇头:"直到现在,我们还没找到有效治疗的方法。"莱迪虽不能看见东西,但是他有双亲的爱和信心,使他的生活过得很有意义。作为一个小孩,他还不知道自己失去的东西意味着什么。

然而,在他 6 岁时,发生了他所不能理解的一件事。一天下午,他正在同另一个孩子玩耍。那个孩子忘了莱迪是瞎子,抛了一个球给他:"当心!球要击中你了!"这个球确实击中了莱迪。此后,在他的一生中再没有发生过那样的事了。

莱迪虽没有受伤,但觉得极为迷惑不解。后来他问母亲:"比尔怎么在我之前先知道我将要发生的事?"

他母亲长出了一口气,因为她所害怕的事终于要发生了,现在有必要第一次告诉她的儿子"你是瞎子"。

"孩子,坐下。"她很温柔地说道,同时伸过手去握住他的一只手,"我不可能向你解释清楚,你也不可能理解得明白,但是让我努力用这种方式来解释这件事。"她同情地把他的一只小手握在手中,开始数起手指头。

"1、2、3、4、5,这些手指头代表着人的五种感觉。"她讲道,同时用她的大拇指和食指顺次捏着莱迪的每个手指。

"这个手指表示听觉,这个手指表示触觉,这个手指表示嗅觉,这个手指表示味觉。"然后她犹豫了一下,又继续说:"这个手指表示视觉。这五种感觉中的每一种都能把信息传送到你的大脑。"她把那表示视觉的手指弯起来,按住,使它处在莱迪的手心里,慢慢地说道:"你和别的孩子不同。因为你仅仅用了四种感觉,并没有用你的视觉。现在我要给你一样东西。你站起来。"

莱迪站起来了。他的母亲拾起他的球。"现在,伸出你的手,就像你将抓住这个球。"她说。莱迪抓住了球。

"好,好。"他母亲说,"我要你决不忘记你刚才所做的事,你能用四个而不用五个手指抓住球。如果你由那里入门,并一直不断努力,你也能

用四种感觉代替五种感觉，抓住丰富而幸福的生活。"

莱迪绝不会忘记"用四个手指代替五个手指"的信条。这对他说来意味着希望。每当他由于生理的障碍而感到沮丧的时候，他就用这个信条作为自己的座右铭，激励自己。他认为母亲是对的。如果他能应用他所有的四种感觉，他确实能抓住完美的生活。

也许在生活中，我们都有这样或那样的缺点甚至缺陷，然而，只要我们怀有信心，通过自身不懈的努力，就一定能克服各种困难，找到生活的意义。完美生活不一定是完美的人才能感受得到的，只要我们不懈地去努力，并用心去体会，就能品尝到生活所赋予的酸、甜、苦、辣等真滋味，就能将掺和着百味的人生过得有声有色，过得圆满。

拥有一份平和之心，你就会发现，天空中无论是阴云密布，还是阳光灿烂；生活的道路上无论是坎坷还是畅达，心中总是会拥有一份平静和恬淡。

完美难以实现，不要过度苛求

古人云，金无足赤，人无完人。在这个世界上，不存在十全十美的事情，完美只是人们的一个努力的目标、一个执着的方向和一个美好的憧憬，却不应该成为我们人生全部的追求。还原真实自然的自己，才是真美丽！

有这样一则寓言故事：有一个男人，一直在寻找一个完美的女人，以至在他 70 岁的时候，都一直没有结婚。有人问他："你寻找了几十年，找遍了世界上很多地方，难道连一个完美的女人也没遇到吗？"那个男人很伤心的说："有一次，我是碰到了一个完美的女人。"那个人又问："那你为什么没有和她结婚呢？"那个男人说："很无奈啊，她也正在寻找一个完美的男人。"

毫无疑问的，故事中的男女主人公都在追求着一种至情至性的完美，他们企图在生活中碰到一个和自己心中理想的完美的形象一模一样的人，

可他们最终也没有遇到。

事实上，世界上既没有绝对的完美，也没有绝对的缺陷，但爱情中，我们常常刻意的奢望对方能够给予我们很多，而不是想着怎样为对方去付出。生活中，我们更应该先心存感激地付出，比如关爱、宽容、理解、鼓励……过于追求完美，实际上是堵死了通往爱情的，更确切地说是通往婚姻的大门。

有很多父母，他们对待自己的生活，追求所谓的完美，对待孩子，也是同样的标准，他们以完美主义来教育和影响孩子，他们希望孩子获得最好的教育，在最好的教育之下变成他们心中最完美的人，希望孩子获得成功。尤其是当孩子进入青春期后，父母怕孩子误入歧途，对孩子要求更加严格。但是，孩子如果太过分地追求完美，则易患强迫症，更不利于健康成长和日后才能的发挥。

在父母完美主义的教育下，也促使孩子产生不现实的苛求完美的心理，使孩子对自我的价值心存疑惑，无论做得多么好，他们都会完全否定或不肯定自己，这种认知习惯一旦固定下来，就会形成恶性循环，最终导致心理疾病。他们不仅苛求自己，常常以家人和自己的标准去苛求他人，自己一旦面临失败，就把责任全部推到父母身上。他们往往承受挫折的能力差，容易陷入自责和沮丧，自信心容易被外界因素干扰。

我们做任何事，保持中庸与平常心是很重要的。勤劳、自我要求高原本是美德，但一旦要求到十全十美的程度，就成了苛求，既不能得到修身养性的效果，心情也不会愉快。

法国大思想家卢梭说得好："大自然塑造了我，然后把模子打碎了。"这句话听起来有点玄乎，其实说的是实话，遗憾的是，许多人不肯接受这个已经失去模子的自我，于是就用自以为完美的标准，把自我重新塑造一遍又一遍，结果却失去了自我。

生活中的琐事正如同镜子里你不喜欢的地方一样，如果你死盯着这些，那么你就无法拥有轻松而幸福的生活。要想改变这样的状况，你需要用自己的眼光注视镜子里面的自我形象，并试着对自己说："无论我有什

么缺陷，我都无条件接受，并尽可能喜欢我自己的模样。"

接受自己，勇于面对现实，你会觉得轻松一点，感到真实和舒服。时间长了，你就会体会到自我接受与自信自爱之间的密切关系。生活的道理也基本如此。

人就这么一辈子，做错事不可以重来的一辈子，碎了的心难再愈合的一辈子，过了今天就不会再有另一个今天的一辈子，一分一秒都不会再回头的一辈子，我们为什么不好好珍惜眼前，为什么还要拼命地自怨自哀，痛苦追悔呢？

正视你的缺陷，让心灵更完美

俗话说："尺有所短，寸有所长"、"取人之长，补己之短"、白玉微瑕、人无完人……这些前人所总结的话语已经流传了很多年。可见，一个人有缺点是很平常的事。

墨子也曾说过："甘瓜苦蒂，天下物无全美。"世间没有绝对完美的事物，存在缺陷并不可怕，关键在于我们的心态是如何看待缺陷。世间没有完美的人，只有完美的心，一个能正视缺陷的人，他的世界观、人生观、价值观才是合乎情理的。

圆明园用自己残缺的美来让世人更深刻地了解战争，更深刻地体会到清政府的腐败无能，它的存在是一种让人心痛的残缺美。残缺有时候也是一种美，关键在于我们用什么心态去看待。

张海迪、史铁生他们在身体上都有残缺，但是这并没有成为他们自甘堕落的借口，反而成为了他们奋发图强的动力和勇气。他们身体上的残缺却让他们的灵魂得到了更完美的升华，也让整个世界的人们为他们而感动。缺陷并不可怕，怕的是你没有接受缺陷的勇气，如果我们能够正确的认识自己的缺陷和不足，找到属于自己的位置，用自己的长处去弥补自身的缺陷。缺陷有时候就会成为了我们前进的动力。

初一的月牙固然没有十五的月亮皎洁明亮，但是它依然能够煽动你的情怀。秋天失去了夏天的勃勃生机，只剩下了枯黄的落叶，但是却别有一番韵味。

有人说："一个人独特的缺点就是他自己最大的优点。"我虽然不完全赞同这个观点，但仔细想想也是有一道理的，就看你如何去看待它了，只要我们时时看到并注意改正自己的缺点，你就极有可能出人头地、超越自我。

保加利亚有一个男孩，身材很矮小不足一米五，因此他常常受到同伴的嘲笑和讥讽。但是他并没有因为自身条件的不足而自暴自弃，而是成功的将自己本身的缺点转化成了优点。他利用自身的矮小的优势参加了举重训练。经过长期坚持不懈的努力，几年之后，这个身材矮小的男孩成功的站在了奥运会最高领奖台上。

所以，缺陷只能妨碍我们在某一方面的发展，它能够限制我们做的事情只是一个圆，而不管这个圆有多大，在这个圆之外的空间则是无限广阔的。因此我们所能做的事情也是无限的。比如，坐在轮椅上的罗斯福，用自己坚强的意志和睿智的头脑改变了世界的格局，将美国人民重新带入了幸福的生活。只有正视自身的缺陷，我们才能更好的实现自己的人生价值，我们才能让自己拥有一颗完美的心。

美国有一个叫科尔的青年，在二十岁的时候不幸遇到一场车祸，从此以后他腰部以下全部瘫痪。但是残疾的身躯不仅没有让他的人生毁灭，还让他重新获得了新生。他依靠自己的意志力和耐力，每天坚持锻炼，就像吃饭、穿衣这样的事情都需要学习。残缺激发了他的斗志，使他内心变得更加强大，他开始以更加积极的态度面对人生。以前他只是一个加油站的工人，每天碌碌无为的度日，人生没有追求也没有方向。但是经历了车祸之后，他开始更深刻的思考人生，还去读了大学，而且还获得了语言学学位，他还替人做税务顾问，在业余时间他还经常参加射箭和钓鱼等社交活动。他的人生比常人的要光明。

身体的痛苦让你的内心变得更加的清醒。一个人在痛苦的时候更容易反思自己，重新开启自己的内心世界，并且规划出更美好的人生，有着更

明确的前进方向。缺陷已经无法改变，就需要学会正视，让缺陷化为成功的动力，而不是沉重的负担。勇于承认自身的不完美，我们每个人都有自己的缺陷，也都会有自己的优点，我们要学会扬长避短，充分发挥自己的优点。不完美是我们人生的一部分，而拥有缺陷是我们人生另一种意义上的完美和成熟。

请你记住，没有蓝天的深邃可以有白云的飘逸，没有大海的壮阔可以有小溪的优雅，没有原野的芬芳可以有小草的翠绿，没有雄鹰的矫健可以有小鸟的无忧。做人最大的乐趣在于通过奋斗去获得我们想要的东西，所以有缺点意味着我们可以进一步完美，有匮乏之处意味着我们可以进一步努力。当一个人什么都不缺的时候，他的生存空间就被剥夺掉了。如果我们每天早上醒过来，感到自己今天缺点儿什么，感到自己还需要更加完美，感到自己还有追求，那是一件多么值得高兴的事情啊！

世界永远存在缺陷，我们的个人也就难免会有缺陷。缺陷人人会有，而关键在于我们如何理性地对待它。我们只有接受缺陷才能够创造更完美的人生，我们要学会欣赏自己的不完美，学会利用缺陷，将它转化为成功的有利条件。

有缺点、有不足并不可怕，怕的是不承认或者是不敢于承认缺点与不足，怕的就是你没有正视缺点的勇气，怕的就是你不能坚持改正而半途而废，怕的就是你讳疾忌医又明知故犯。只要我们正视缺点，坚决改正缺点，我们总可以找到自己的位置、自己的光源和自己的声音，那么，缺点就成了我们前进的动力，缺点就为我们提供了广阔的进步空间，缺点也就会成为亮点的。

改变你的心态，改变你的世界

心态决定看世界的眼光，行动决定生存的状态。要想活出尊严，展现不凡，只有改变观念，敢于和命运抗争！

有些时候，阻碍我们去创造、去发现的，仅仅是我们自己设立的障碍和思想中的顽石。你抱着下坡的想法爬山，便很难爬上山去。如果你的世界沉闷而无望，那是因为你自己沉闷无望。改变你的世界，必从改变你自己的心态开始。

有一块宽度大约有五十公分，高度有十公分的大石头，竖立在一户人家的菜园里，每当人们从菜园走过，总会不小心踢到那块大石头，不是跌倒就是被擦伤。

"父亲，为什么不把那块讨厌的石头挖走？"儿子愤愤地问着。父亲回答说："谁让你走路一点都不小心点呢！它摆在那儿，还能训练你的反应能力。要把它搬走可不是件容易事，它的体积那么大，你没事无聊挖石头干嘛呀！在你爷爷那个时代，它就一直在那儿了。"

就这样又经过了很多年，当年的儿子娶了媳妇，也当了爸爸，然而这块大石头还摆在菜园里。有一天媳妇终于忍不住说："父亲，菜园那块大石头，我越看越不顺眼，改天请人搬走好了。"

父亲的回答依然没变："算了吧！那块大石头很重的，可以搬走的话在我小时候就搬走了，哪会让它竖到现在啊？"大石头不知道让她跌倒多少次了，媳妇心底很不是滋味。

有一天早上，媳妇带着锄头和一桶水，将整桶水浇在大石头的四周。十几分钟后，媳妇用锄头把大石头四周的泥土翻松。媳妇早有心理准备，可能需要挖一天，谁都没想到几分钟就把石头挖起来，看看大小，这块石头其实没有想象的那么大，人们是被那个巨大的外表给蒙骗了。

在美国，有个富家人生下了一个女儿。没过多久，她便患了一种无法治疗的瘫痪症，从此丧失了走路的能力。

女孩生日那天，家人在大轮船上为她庆祝生日。她坐在轮椅上，与家人一起乘船旅行。船长的太太告诉她说，船长有一只天堂鸟，长得非常漂亮，并且给她讲了有关这只天堂鸟的许多奇迹般的故事。她被有关这只神鸟的故事给迷住了，很想亲自看一看。于是保姆把孩子留在甲板上，自己去找船长。孩子耐不住性子等待，她要求船上的服务生马上带她去看天堂

鸟。那服务生并不知道她的腿不能走路，只顾带着她一道去看那只美丽的小鸟。奇迹发生了，孩子因为过度的渴望，竟忘我地握住服务生的手，慢慢地走了起来。从此，孩子的病痊愈了。女孩子长大后，又忘我地投入到文学创作中，最后成为了第一位荣获诺贝尔文学奖的女性。忘我是走向成功的一条捷径，有时也是必经之路，但是只有在这种环境中，人才会超越自身的束缚，释放出最大的能量。

要想改变世界，你必须从改变自己开始；要想撬起世界，必须把支点选在自己的心灵上。

品味生命过程，体验别样美丽

人生最快乐的事并不在于占有什么，而在于追求什么的过程。在我们的平凡生活中，有许多值得我们品味的过程。

伟大的诗人泰戈尔曾经说过："天空没留下鸟的痕迹，但它已飞过。"这句话看似简单，却告诉了我们一个不变的道理。

人的一生曾经经历过许多风风雨雨，不是每一件事都能由我们所控制，有些事的结果甚至会出乎我们的预料。但无论结果怎样，这对我们都不是最重要的，重要的是我们曾为它而经历过、努力过，只要有这个过程，我们就不会后悔。

因此，学会品味十分重要。

蜡烛的一生虽平凡，可是它用尽全身的力量去照亮被人，为渴望光的人指引方向，它完成了伟大而平凡的事业；火柴一生虽短暂，可它们曾不惜牺牲自己去点燃木炭，为渴望温暖的人雪中送炭，它完成了长久的奉献；落叶的一生虽简单，可它曾无怨无悔的为大地遮风挡雨，为渴望休息的人提供港湾，它完成了简单而辛苦的付出。

这些短暂、平凡、简单的事物是否引起过你的注意？可是，谁又能否认，缺少了它们，我们的生活将会失去许多可回味的东西。它们的生命的

终结，虽然只是燃尽或者枯萎，可它们的过程是美的，它们的精神将永远流传下来。

一个很穷的小伙子出去打工，路上，他捡到一个神奇的葫芦——它可以满足他的三个愿望。

"如果我现在能立刻变得富有该是多么美好的事情啊。"话音未落，小伙子就有了很多很多的钱。这时候他又想起自己心爱的姑娘，"如果她能马上变成我的妻子该多好啊。"他刚许完愿，姑娘果然就成了他的妻子。

有了这么多的钱，总得有人来继承才好啊。小伙子心想着。"我不能再等了，我现在就希望有很多孩子可以继承我的大业。"小伙子又许了一个愿。这样他就又有了很多孩子。

繁杂的过程都被简化了，他立时就拥有了想要的一切。他高兴极了，可突然发现他现在已经是个老头子了。"噢！不！"他捧着那个神奇的葫芦哭了起来，"请你让我变回原来的样子吧，我还是想每天去做工，晚上瞒着她的父母偷偷地约我的姑娘出来约会，牵着她的手在树林里散步，天哪，还是让这一切慢慢地进行吧。"但葫芦突然不见了，他后悔也没有用了。

生命就是一个过程，过程是一种不可缺少的美丽，在这个过程中我们体验追求的快乐与苦涩；品味每一分钟的生命历程，拥抱生命中的每一个甜蜜。

绕过历史的尘埃，背负着昔日的伤痛与喜悦，我们品味生命；沐浴着今日的阳光，接受着上天的赐予与掠夺，我们品味生命；迎着明日的光辉，揣着心中的梦想与追求，我们品味着生命。

我们经历了无数次的挫折与失败，而获得了一次感动我们的成功，因为我们品味到了生命的动力；我们为了自己什么都能克服，我们为了别人什么都能奉献，因为我们品味到了生命的启示；我们哭着来到这个世上，却微笑着离开这个世界，因为我们品味到了生命的真谛。

品味小草的生命，不禁感叹，生命原来可以如此顽强与脆弱，如果你只是一味地任人操纵，任人践踏，那么，你的生命无疑是脆弱的。如果你

能越挫越勇，永不放弃，那么，你的生命必定是顽强的。

或许等到我们很老的时候，静静地坐在树底下细数我们曾经历过的种种时，我们会发现，原来，我们曾经是这样努力过、奋斗过、拼搏过；我们曾经是这样冲动过、放肆过、大胆过；我们曾经是这样梦想过、追求过、奢望过。原来，我们拥有丰富的生命，多彩的生命，这是值得我们品味一生的生命！

品味生命，让我们在痛苦中沉思，在沉思中相信生命的完美。

品味生命，让我们在拼搏中锤炼，在锤炼中追击生命的极限。

品味生命，让我们在风雨中成长，在成长中明白生命的意义。

品味生命，让我们的每一次努力都留下生命的印记！

每个人的生命都是无价之宝，我们不能让悔恨与遗憾笼罩我们宝贵的一次生命。如果在拥有的时候还常常担心什么时候会失去，这哪里是在品味生命？如果在被爱的时候还时时计算着什么时候会不再爱与不再被爱，这又哪里是在品味生命？所以，在我们依然拥有生命的时候，让我们尽情地品味生命吧！

要给心灵"换水"，才能轻松生活

曾经有一个虔诚的佛教信徒，每天从自己的花园采摘鲜花到寺院供佛。有一天，当她捧着鲜花送到佛殿的时候，碰巧遇到无德禅师从佛堂出来，无德禅师非常欣喜地说道："你每天都这样虔诚地以花香供佛，据佛经中的记载，常以香花供佛者，来生会得到庄严相貌的福报。"

佛教徒满心欢喜地回答道："这是一个佛门中人应该做到的，我每天来礼佛时，自己觉得心灵就像洗涤过一样的洁净，但一回到家里，心就很是烦乱。作为一个家庭主妇，如何在喧嚣尘世始终保存一颗纯洁干净的心？"

无德禅师却问道："你以香花供佛，相信对花草总有一些常识。我现

在问你，你如何保持花朵的新鲜?"

佛教徒答道: "保持花香的方法，莫过于每天给花换水，并将淹没在水里的花梗剪掉一部分，花梗的一端在水里，容易腐烂，腐烂以后水分不容易被花吸收，花就容易凋谢。"

无德禅师说: "保持一颗清净纯洁的心，道理也是相通的，我们生活的环境就像花瓶里的水，我们就是花，唯有不断地净化我们的身心，变化我们的气质，并不断地忏悔、检讨，改进陋习和缺点，才能不断吸收到自然的食粮，保持一颗干净纯净的心。"佛教徒听了禅师的话豁然开朗，以前很是偏执不肯轻易接受别人批评的她，变得从善如流，过一段时间她什么烦恼也没有了。觉得生活中到处都是阳光，处处充满着阳光和快乐。

记得朋友的手记里写过一段话: "无论红尘有多少喧嚣，我们只需简单善良的活着。因为我们只是这滚滚红尘的匆匆过客……"

尘世中的每一个人，都可以有一颗快乐的心，只是我们很多的人不懂得净化自己的心灵，以至于让我们的心灵不断沾染生命中的垃圾，玷污了我们的心灵，让酒色财气、功名利禄蒙蔽了我们的双眼，让我们呼吸不到新鲜的空气，看不到生活的美丽，让这些身外的东西搞的痛不欲生。朋友认识一个三轮车夫，每天累的半死，每天一定要赚够八十元钱才肯回家，有时候天气不好或是其他的原因赚不到八十元的时候，他总是在我的投注站里长吁短叹，伤心得不得了。很多的时候我都劝他让他不要那样的叹气和伤心。他怎样也快乐不起来，在我这里买双色球，买几天不中就十分生气地对我说: "你知道出什么号码，你就是不告诉我，我中 500 万你也很开心呀。"好像双色球是我在摇奖，让人哭笑不得。还有一位彩民家财万贯，却天天愁眉苦脸，经常说的就是我忙呀，我没有时间休息，也没有时间游玩，因为我的钱需要我天天奔波忙碌，不然我的公司……

在这红尘俗世中很多的东西是我们无法得到的，我们的欲望很多很多，用欲壑难填来形容是一点也不过分的，在这滚滚红尘翻滚沉浮的时候，如果我们可以做到不断净化自己的心灵，不断地更新自己的心态，净化自己的心灵，开阔我们的视野，让我们的眼睛看到美丽和纯洁，心里装

满了善良，眼里蓄满了美丽，为人处世多一点真诚去掉虚伪和狡诈，这样的人生难道会有烦恼吗？

无论红尘有多少喧嚣，我们只需简单善良地生活，当我们呱呱落地的时候是赤条条哭喊来到这个滚滚红尘，当我们离开这个世间的时候同样是哭哭啼啼走了，什么也带不走，能带走的就是一个空空的外形罢了。

因为我们只是这滚滚红尘的匆匆过客，所以净化我们的心灵，让我们有一个快乐的心态将是我们的财富。记得给自己的心灵保鲜吧。

拿起该拿起的，放下该放下的

看不开、想不透、做不到，是我们的通病。我们容易将别人的事看得如水中倒影般清澈，而一旦涉及到自己，就会有老眼昏花之态。

放下似乎是一个很简单的道理，但是放下却是一种困难的抉择。我们之所以会感到不幸福，恰恰就是因为我们放不下；而我们之所以放不下，恰恰又是为了想追求更多更好的幸福。金钱权力放不下，荣华富贵放不下，悲欢离合放不下，是非得失放不下，虚荣脸面放不下，那我们的一生就得在这些"放不下"中挣扎、耗费、虚度、殆尽，得到的可能是一时的显赫和威风，失去的则将是一生的幸福和安宁。只有放下狭隘，才能懂得豁达；只有放下嫉妒，才能懂得欣赏；只有放下憎恨，才能懂得宽容；只有放下富贵，才能懂得生活；只有放下一切，才能懂得幸福……

有一天，惠真和尚在准备拜访一位他仰慕已久的高僧，高僧是几百里外一座寺庙的住持。早上，天空阴沉沉的，远处还不时传来阵阵雷声。

跟随惠真一同出门的小和尚犹豫了，轻声说："快下大雨了，还是等雨停后再走吧。"惠真连头都不抬，拿着伞就走出了门，边走边说："出家人怕什么风雨。"

小和尚没有办法，只好紧随其后。两人才走了半里山路，瓢泼大雨便倾盆而下。雨越下越大，风越刮越猛，惠真和小和尚合撑着伞，顶风冒

雨，相互搀扶着，深一脚浅一脚艰难地行进着，半天也没遇上一个人。

前面的道路越走越泥泞，几次小和尚都差点滑倒，幸亏惠真及时拉住他。走着走着，小和尚突然站住了，两眼愣愣地看着前方，好像被人施了定身法似的。惠真顺着他的目光望去，只见不远处的路边站着一位年轻的姑娘。在这大雨滂沱的荒郊野外出现一位妙龄秀女，难怪小和尚吃惊发愣。

这真是位难得一见的美女，圆圆的瓜子脸上两道弯弯的黛眉，长着一对晶莹闪亮的大眼睛，挺直的鼻梁下是一张鲜红欲滴的樱桃小口，一头秀发好似丝布披在腰间。然而她此刻秀眉微蹙，面有苦色。原来她穿着一身崭新绸的布裙，脚下却是一片泥潭，她生怕跨过去弄脏了衣服，正在那里犯愁呢。

惠真大步走上前去："姑娘，我来帮你。"说完，他伸出双臂，将姑娘背过了那片泥潭。

以后一路行来，小和尚一直闷闷不乐地跟在惠真身后走着，一句话也不说，也不要他搀扶了。

黄昏时候，雨终于停了，天边露出了一抹淡淡的晚霞，惠真和小和尚找到了一个小客栈投宿。直到吃完饭，惠真洗脚准备上床休息时，小和尚终于忍不住开口说话了："我们出家人应当不杀生、不偷盗、不淫邪、不妄语、不饮酒，尤其是不能接近年轻貌美的女子，您怎么可以抱着她呢?""谁? 那个女子?"惠真愣了愣然后微笑了："噢，原来你是说我们路上遇到的女子。我可是早就把她放下了，难道你还一直抱着她吗? 看来你还没放下，所以你心中还有太多杂念啊!"小和尚顿悟。

契诃夫那篇著名小说中的庶务官伊凡·德米特里·切尔维亚科夫，为了偶尔一次打喷嚏之后引起的种种精神苦恼，最后在忧郁和恐惧中死去，就是很典型的一种"放不下"。面对可能得罪了长官，面对可能降临的灾难，是惶惶不可终日，还是坦荡从容应对，正是取决于我们是否懂得了"放下"的道理。该放下的就必须放得下，舍不得放下的要下狠心放得下，只有执着的信念，才能从容的放下。

有些事之所以我们放不下，是因为心中有着太多的杂念。想要驱除杂念，就要在心中保持一片清澄，让杂念没有滋生之处。只有这样，才能达到一种"放下"的境界。

简单言之，就是"面对它、接受它、处理它、放下它"。人的生活中真的有太多不公平的事情要去面对、去接受，需要我们用智慧负担起责任，需要我们从困扰中获得解脱。放下是一种失去，是一种痛苦，但同时也是一种幸福。只有空下双手，才能拾起新的幸福。

只有果敢有为，才会走出痛苦

有些人会在经历挫折后，在痛苦和追悔中容易迷失自我，这样于事无补，反让自己在痛苦的泥污中越陷越深，不能自拔，甚至于困死在里面。遇到挫折是很多人都会经历的，关键是看自己如何去面对。

美国人蒙太是一个遇事果敢的人，他在面对人生的困苦时，能够果断地采取措施，挽救自己。在他年轻的时候，久久没有找到工作，几乎快要饿死了。这时，他走进了一家推销公司，向经理说："我愿意为公司服务，只要能吃饱肚子，不要任何报酬。"这番诚意让经理留下了他。蒙太非常努力的工作，以业绩证明了自己，最终当上了业务经理。试想，如果当初蒙太依旧是以原来的思路来找工作，也许他会饿死在街头。留得青山在，哪怕没柴烧？现在一些大学生还在用陈旧的思路来面对招聘，以自己的学历来与商家讲条件，谈待遇，迟迟不能找到合适的工作，慢慢地荒废了自己的学业，其实也应该从中吸取教训。

蒙太也不是一帆风顺的。当他五十多岁时，突然受到了经济危机的影响，资产损失殆尽。他心灰意冷，拿出五万美元买了一块墓地，为自己的人生准备下后事。可不久，他买的地前将开通一条铁路，政府拿出成倍的钱把蒙太的墓地给买走了。蒙太灵机一动，赶紧打探铁路开通后，火车站的位置。等他弄清后，立即联合几个要好的朋友，把自己卖墓地得来的钱

立即用于购买将来火车站附近的地皮。果然，三年后，火车站开始建设，西蒙买的地一下子成了炙手可热的黄金地带。蒙太马上进入了房地产业，在他的老年时代，成了一位非常成功的房地产商人。

从蒙太的例子中，我们应该看到，人生遇到挫折是正常的，关键是要及时从中将自己解脱出来，果敢地开始人生的再创业，只要你想让自己过得好，就一定有办法来帮助自己走出阴影，开始新的生活。

不要乱找借口，而应执著到底

机会是随时随地都有的，就看你是否能把握住。不要为自己的失败找借口，不要总想着那些外在的因素。能够把握住机会，即使你是贫民窟里的孩子，你也会成功；能够把握住机会，哪怕你是处在破旧的大街，在港口酒吧，或是在荒僻的郊外，你也会成功；能够把握住机会，哪怕是在一个人生命的最后时刻，你也会成功。

许多人面对自己的碌碌无为，都有各种不同的借口，他们总是认为是自己的出身、周边的环境、所受的教育严重影响了他们的成功，他们还会说上天没有给自己成功的机会。其实有着这种思想的人是没有道理的，怀抱这种心理不放的人也难以成功。

一个孩子出生在一个嘈杂的贫民窟里。和所有出生在贫民窟的孩子一样，他经常打斗、喝酒、吹牛和逃学。

唯一不同的是，他天生有一种经商赚钱的眼光。他把从街上捡来的一辆破玩具车修整好，然后租给同伴们玩，每人每天分租金。一个星期之内，他竟然赚回了一辆新玩具车。他的老师对他说："如果你出生在富人家庭，你会成为一个出色的商人，但是，这对你来说不可能。不过，也许你能成为街头的一位商贩。"

正如他的老师所说，中学毕业后，他真的成了一个商贩。不过在他的同龄人当中，这已是相当体面了。他卖过小五金、电池、柠檬水，每一样

都得心应手。最后让他发迹的是一堆服装，这些服装来自日本，全是丝绸，因为在海上遭遇风暴，导致一船的货都成了废品。

这些被暴雨和颜料污染的丝绸数量足有一吨之多，成了日本人头疼的东西。他们想低价处理掉，却无人问津。想搬运到港口扔进垃圾堆，又怕遭到环保部门处罚。于是，日本人打算在回程的路上把丝绸抛到海中。

有一天，商贩在港口的一个地下酒吧喝酒，那天他喝醉了，当他恍恍悠悠地走过一位日本海员旁边时，正好听到日本海员在谈论丝绸的事情。

第二天，商贩就来到了海轮上，用手指着停在港口的一辆卡车对船长说："我可以帮忙把丝绸处理掉，如果你们愿意可以象征性地给一点运费的话。"

他不用花任何代价就拥有了这些被雨水浸过的丝绸。他把这些丝绸加工成迷彩服、领带和帽子，拿到人群集中的闹市出售。几天之间，他靠这些丝绸净赚了10万美元。

现在他已不是商贩，而是一个商人了。

有一次他在郊外看上了一块地，就找到土地的主人，说他愿花10万美元买下来。

主人拿了他的10万美元，心里嘲笑他的愚蠢，这样一个偏僻的地段，只有傻子才会出这样的价。

一年后，市政府对外宣布，要在郊外建造环城公路，他的地皮一下子升值了150多倍。从此，他成了远近闻名的富翁。

在他77岁时，终于因病而躺下了，再也不能进行任何商务活动。然而，就在临死前，他让秘书在报纸上发布了一则消息，说他即将要去天堂。愿意为人们向已经去世的亲人带一个祝福的口信，每则收费100美元。结果他赚了十万美元。如果他能在病床上多坚持几天，可能还会赚得更多一些。

他的遗嘱也十分特别，他让秘书又登了一则广告，说他是一位礼貌的绅士，愿意和一位有教养的女士同卧一块墓穴。结果，一位贵妇人愿意出资5万美元和他一起长眠。

有一位资深的经济记者，热情洋溢地报道了他生命最后时刻的经商经历。文中感叹道："每年去世的富人难以数计，但像他这样怀着对商业的执着精神坚持到最后的人能有几个？"

懂得珍惜自己，记得活在当下

每一个人都有所追求，都在追求幸福快乐的生活，在这付出、奋斗的过程中就已经是"活在当下"了，只是潜意识中没有更深的体会。让快乐或痛苦匆匆而过，还没来得及慢慢品味，就让一天天像山涧水一样流逝，快乐时，如果用物理学的名词来说，就是势能大一些，水流快一点，发出的响声也更清脆轻快，时间过得如此之快；痛苦时，排水的势能小而觉得难过极了，发出的响声也是闷闷之音，每一分钟都是钻心的痛楚。对自己的生活要珍惜，对自己的生命要仰视和敬畏，就像登山人对珠穆朗玛峰的敬畏一样，不要用征服的字眼，要用感恩的心情来攀登。

人都是在一定的社会条件下生活的。每个人的成长不仅取决于个人的主观努力，还取决于本身的生活环境。历史上有的时代人才辈出，群星灿烂，而有的时代则万马齐喑，其中一个很重要的原因，就是社会环境的不同。社会环境是人们成长必不可少的客观条件，是人们成长、发展的土壤。

虽然，每个人的成长都离不开一定的时代背景，但是，任何人也不能主观地去选择时代，只能在一定的条件下，去了解时代为你提供的条件，进而加以改造和利用。正如恩格斯所指出的那样："我们只能在我们时代的条件下进行认识。"也就是说，每一个人不仅有一个认识环境的任务，还有一个改造环境的任务，要减少压力，离不开这两项任务。

其实，生活的海洋并不平静，人生的道路也不会总是一帆风顺，立志成才者难免会遇到种种挫折、不幸，如政治上的打击，家庭中的不幸，身体上的病残，心灵上的创伤等。这种恶劣的环境是对每个人的一种沉重打

击。但身处逆境而能奋发崛起，是成功者之所以成功的主要原因。立志成才的人，只有把握住现在，活在当下，脚踏实地地一步步向前，才能最终战胜压力，并到达成功的彼岸。

有一位善于解决人生困境的老师，身边聚集了许多慕名而来的弟子。这些弟子有什么疑问都来问老师，老师总是说："要活在当下呀！"

但是，"活在当下"这一简单的答案，无法满足弟子们的要求，他们总是恳求老师给一个更简单通俗点的解答。

这时候，老师就会面有难色地说："好吧！既然如此，等我查一查古代的圣贤是怎么说的，明天再告诉你们，对于这么深奥的问题，他们一定有很好的答案呀！"

原来，老师有一本大书，记载了古代圣贤最重要的智慧，锁在书房最高的柜子里，由于这本书是如此珍贵，他严禁任何弟子靠近。

第二天，等老师翻过那本大书，弟子就会得到一个充满智慧的答案。可是，如果有了新的问题。老师又说："要活在当下呀！"

弟子不满意的时候，老师会再一次翻阅大书，说出一个十分睿智的解答。

这样一而再、再而三，一年一年地过去了，日子久了，弟子开始对老师起了质疑："老师只懂得一句活在当下，这是任何人都知道的事呀！不像古圣先贤，真的充满了智慧。"

一个弟子说："老师自己并没有什么智慧，他只知道活在当下！"

另一个弟子说："老师的智慧和我们没有什么差别，差别只是他有一册圣贤的书，如果拥有那本书，我们自己就可以当老师了。"

还有一个弟子说："这个老师真的太差劲了，我们是来自各地的精英，谁不知道活在当下呢？这句话也轮得到他来说吗？我们想学的是历代圣贤的言论和精神呀！"

在背后议论老师久了，许多弟子都生起了这样的想法："等到老师死了，我只要抢到那本圣贤书，就可以做老师的继承人，接收很多的弟子，为别人解决生命的困境！"

老师渐渐老了，终于要告别人间了，他并没有指定任何的继承人，也没有把圣贤书交给任何的弟子，他只说了一句遗言："要活在当下呀！"就咽下了最后一口气。

　　老师死后，弟子们不但没有哀伤，反而一拥而上，冲进书房，抢夺那锁在最高柜子里的圣贤之书，甚至因为抢夺太激烈，把书柜都打碎了。他们把那本大书撕成好多残篇，才发现那本书根本是空白的，一个字也没有。

　　只有书的封面上有老师的笔迹。写了四个大字"活在当下"！

　　众弟子们寻求一生的答案，便是老师的那句"活在当下"，但当他们领悟的时候，老师却已经不在了，这不能不说是一种遗憾。记得在有一期的《艺术人生》中，看到众多年轻人的偶像刘德华感叹："2004年最大的收获：懂得了'活在当下'。"异曲同工，或许亲身经历了什么，或许亲眼见到了什么，发出如此感慨绝不是闭门造车想象出来的。

　　要学会把握自己。我们可以淡然面对，也可以积极地把握，当你看不开、当你春风得意、当你愤愤不平、当你深陷痛苦中的时候，不管怎么样，你总是幸运地拥有了这一辈子。